파스칼이 들려주는 경우의 수 이야기

수학자가 들려주는 수학 이야기 18

파스칼이 들려주는 경우의 수 이야기

초판 1쇄 발행일 | 2008년 5월 15일
초판 31쇄 발행일 | 2024년 6월 25일

지은이 | 정연숙
펴낸이 | 정은영

펴낸곳 | (주)자음과모음
출판등록 | 2001년 11월 28일 제2001-000259호
주소 | 10881 경기도 파주시 회동길 325-20
전화 | 편집부 (02)324-2347, 경영지원부 (02)325-6047
팩스 | 편집부 (02)324-2348, 경영지원부 (02)2648-1311
e-mail | jamoteen@jamobook.com

ISBN 978-89-544-1556-9 (04410)

18 수학자가 들려주는 수학 이야기

파스칼이 들려주는

경우의 수 이야기

| 정 연 숙 지음 |

(주)자음과모음

추천사

수학자라는 거인의 어깨 위에서
보다 멀리, 보다 넓게 바라보는 수학의 세계!

수학 교과서는 대개 '결과' 로서의 수학을 연역적으로 제시하는 경향이 강하기 때문에 학생들은 수학이 끊임없이 진화해 왔다는 생각을 하기 어렵습니다. 그렇지만 수학의 역사는 하나의 문제가 등장하고 그에 대해 많은 수학자들이 고심하고 이를 해결하는 가운데 새로운 아이디어가 출현해 온 역동적인 과정입니다.

〈수학자가 들려주는 수학 이야기〉 시리즈는 수학 주제들의 발생 과정을 수학자들의 목소리를 통해 친근하게 이야기 형식으로 들려주기 때문에 학생들이 수학을 '과거 완료형' 이 아닌 '현재 진행형' 으로 인식하는 데 도움이 될 것입니다.

학생들이 수학을 어려워하는 요인 중의 하나는 '추상성' 이 강한 수학적 사고의 특성과 '구체성' 을 선호하는 학생들 사고 사이의 괴리입니다. 이런 괴리를 줄이기 위해 수학의 추상성을 희석시키고 수학의 개념과 원리에 구체성을 부여하는 것이 필요한데, 〈수학자가 들려주는 수학 이야기〉는 수학 교과서의 내용을 생동감 있게 재구성함으로써 추상적인 수학을 구체성을 갖는 수학으로 변모시키고 있습니다. 또한 중간중간에 곁들여진 수학자들의 에피소드는 자칫 무료해지기 쉬운 수학 공부에 있어 윤활유 역할을 해 줍니다.

〈수학자가 들려주는 수학 이야기〉의 구성을 보면 우선 수학자의 업적을 개략적으로 소개하고, 6~9개의 수업을 통해 수학 내적 세계와 외적 세계, 교실 안과 밖을 넘나들며 수학의 개념과 원리들을 소개한 뒤, 마지막으로 수업에서 다룬 내용들을 정리합니다. 따라서 책의 흐름을 따라 읽다 보면 각 시리즈가 다루고 있는 주제에 대한 전체적이고 통합적인 이해를 할 수 있을 것입니다.

〈수학자가 들려주는 수학 이야기〉는 학교에서 배우는 수학 교과 과정과 긴밀하게 맞물려 있으며, 전체 시리즈를 통해 학교 수학의 많은 내용을 다룹니다. 예를 들어 《라이프니츠가 들려주는 기수법 이야기》는 수가 만들어진 배경, 원시적인 기수법에서 위치적인 기수법으로의 발전 과정, 0의 출현, 라이프니츠의 이진법에 이르기까지 기수법에 관한 다양한 내용을 다루고 있는데, 이는 중학교 1학년 수학 교과서의 기수법 내용을 충실히 반영합니다. 따라서 〈수학자가 들려주는 수학 이야기〉를 학교 수학 공부와 병행하여 읽는다면 교과서 내용을 보다 빨리 소화, 흡수할 수 있을 것입니다.

뉴턴은 '만약 내가 멀리 볼 수 있었다면 거인의 어깨 위에 앉았기 때문이다' 라고 했습니다. 과거의 위대한 사람들의 업적을 바탕으로 자기 앞에 놓인 문제를 보다 획기적이고 효율적으로 해결할 수 있었다는 말입니다. 학생들이 〈수학자가 들려주는 수학 이야기〉를 읽으면서 위대한 수학자들의 어깨 위에서 보다 멀리, 보다 넓게 수학의 세계를 바라보는 기회를 갖기 바랍니다.

홍익대학교 수학교육과 교수 | 《수학 콘서트》 저자 박 경 미

세상 진리를 수학으로 꿰뚫어 보는 맛
그 맛을 경험시켜 주는 '경우의 수' 이야기

우리는 살아가면서 여러 가지 경우 중에서 '어떤 것을 선택하는 것이 가장 좋을까?'를 고민하게 되고, 나름대로의 판단을 통해 선택을 하게 됩니다. 학교를 진학할 때도, 직업을 결정할 때도, 가게에서 물건을 구입할 때도 다양한 가능성을 살펴보고, 자신만의 기준을 가지고 그 중 하나를 결정한 후 관련된 계획을 세우게 됩니다. 이때 원하던 원하지 않던 간에 우리는 '경우의 수'를 따지고 있는 것입니다.

만약에 어떤 경우가 일어날 가짓수가 얼마나 되는지를 고려하지 않는다면, 무엇을 선택해야 하는 상황에서 '기분에 따라 그때그때 달라~요'가 될 지도 모릅니다. 하지만 선택할 수 있는 경우가 얼마나 되는지, 그러한 경우가 일어날 가능성이 높은지 낮은지를 따져볼 수 있다면, 여러 상황 가운데 하나를 선택할 때 좀 더 나은 판단을 하는데 도움을 줄 수 있을 것입니다.

이 책은 파스칼 선생님과 함께 일상생활에서 일어날 수 있는 경우의 수를 이해하고, 경우의 수를 구하는 방법을 다양하게 살펴볼 것입니다. 동시에 일어나는 사건의 경우의 수를 하나하나 세어보는 방법에서부터 순서쌍을 이용하는 방법, 수형도를 이용하여 다소 복잡하거나 빼놓고 세기 쉬운 경우의 수를 구할 는 방법 등 여러 가지 다양한 상황 속에서 일어나는 경우의 수를 살펴볼 것입니다. 또한 둥근 식탁에 앉을 경우의 수와 목걸이나 팔찌 등을 만들 수 있는 경우의 수를 세어볼 것입니다. 마지막으로 중복을 허용해서 셀 수 있는 경우의 수를 살펴볼 것입니다. 이 모든 것은 중 · 고등학교에서 학습하게 될 순열과 조합의 의미를 이해하는데 많은 도움이 될 것입니다.

자, 그럼 파스칼 선생님과 함께 우리 주변에서 일어날 수 있는 경우의 수를 살펴보면서 시작해 봅시다.

2008년 5월 **정 연 숙**

차례

1 이 책은 달라요

《파스칼이 들려주는 경우의 수 이야기》는 확률론의 기초가 되는 경우의 수를 이해하기 위해 파스칼이 실생활에서 자주 접하는 소재를 이용하여 아이들과 함께 경우의 수를 헤아려 보는 방식으로 이야기가 전개됩니다. 파스칼은 '의자에 앉기, 한 줄서기, 수 카드로 정수 만들기, 과일 고르기, 대표 뽑기 등 순서가 있는 경우와 없는 경우' 의 차이점을 보여주고 학생들이 오류를 범하기 쉽거나 어려워하는 부분을 쉽게 설명합니다. 또한 아이들이 경우의 수를 헤아려 본 후 파스칼이 최종적으로 정리해 주거나 적절한 때에 문제를 제시함으로써 경우의 수와 관련된 개념을 명확하게 이해할 수 있도록 도와줍니다. 고등학교에서 다루는 순열과 조합의 기본 개념을 초등학생들도 이해할 수 있도록 다양한 방법으로 소개하고 있으므로 실제 초등학교부터 중 · 고등학교까지 경우의 수와 관련된 문제를 해결하는 데 기본 토대가 될 것입니다.

우리는 일상생활에서 수많은 문제를 접하고 이에 대한 최선의 해결책을 제시해야 하는 경우가 많습니다. 과연 어떤 선택을 어떻게 하는 것이

최선이라 할 수 있을까요? 이 책은 이 물음에 대한 해결책을 모색하는 데 조금이나마 도움이 될 수 있을 것입니다.

책장을 한 장씩 넘겨가면서 수학과 생활의 자연스러운 만남을 만끽하시기 바랍니다.

2 이런 점이 좋아요

초등학교 고학년 이후부터 경우의 수를 구하는 문제는 학생들을 자주 괴롭힙니다. '뽑기만 하는 것일까' 아니면 '뽑아서 순서대로 나열을 해야 하는 것일까?' 어떤 경우에는 뽑기만 한 후 그 가짓수를 세어야 하고 어떤 경우에는 뽑고 나서 순서를 고려한 후 그 가짓수를 세어야 합니다. 문제에 제시된 상황에 따라 순서를 고려해야 하는지 고려하지 않아야 하는지를 판단해야 하는 것입니다. 어떻게 보면 이것은 경우의 수를 학습할 때 가장 먼저 부딪치는 어려움이라 할 수 있습니다.

이 책은 '이런 문제는 순서를 고려해 주어야 하고 저런 문제는 순서를 고려하지 않고 뽑기만 하는 경우' 라는 식의 이분법적 암기 방법을 제시하지 않습니다. 대신에 구체적인 예와 설명을 제시하고 있어 독자들은 가볍게 읽는 것만으로도 수학적 의미를 자연스럽게 파악할 수 있을 것입니다.

3 교과 과정과의 연계

구분	단계	단원	연계되는 수학적 개념과 내용
초등학교	3-나	8. 문제 푸는 방법 찾기	• 문제 해결 과정 설명하기 – 경우의 수 '곱의 법칙'
	5-가	8. 문제 푸는 방법 찾기	• 간단히 하여 문제 풀기 – 오목대회 경기 횟수리그전 – 가위 바위 보를 하는 횟수
	6-가	8. 문제 푸는 방법 찾기	• 그림을 그려 문제 풀기 – 세 자리 정수 만들기 – 네 자리 정수 만들기
	6-나	6. 경우의 수	• 경우의 수 • 순서가 있는 경우의 수 • 여러 가지 경우의 수리그전, 빠른 길 찾기 등 • 수형도나뭇가지 그림
		8. 문제 푸는 방법 찾기	• 여러 가지 방법으로 문제 풀기 그림 그리기, 규칙 찾기, 식 만들기 – 발야구 대회 리그전 경기 횟수
중학교	8-나	1. 확률	• 사건과 경우의 수 – '합의 법칙' '곱의 법칙' – 가장 빠른 길
고등학교	실용수학	2. 생활 통계 2. 확률과 통계의 활용	• 경우의 수
	수학 I	6. 순열과 조합	• 경우의 수, 순열, 조합과 이항정리
	이산수학	1. 선택과 배열	• 경우의 수, 순열, 조합
	확률과 통계	2. 확률	• 경우의 수, 순열, 조합

수업 소개

첫 번째 수업 _ 사건과 경우의 수

'미술관으로 가느냐, 박물관으로 가느냐'를 결정하기 위해 주사위를 던지는 상황을 제시합니다. 주사위를 던졌을 때 나오는 경우의 수를 살펴보면서 공평성이라는 전제 조건에 대해서도 생각해 보는 기회를 갖게 됩니다. 합의 법칙과 곱의 법칙을 살펴보면서 경우의 수를 보다 간편하게 세는 방법을 다룹니다.

- 선수 학습 : 주사위의 눈이 짝수인 경우, 홀수인 경우, 3의 배수인 경우, 또는 6의 약수인 경우 등을 헤아리기 위해서는 배수와 약수의 개념을 기본적으로 알아야 합니다. 동전을 던질 때 나오는 사건과 주사위를 던졌을 때 나오는 사건을 그림으로 제시하고 이후에 순서쌍으로 나타내는 것을 이해하기 위해 순서쌍의 개념도 인지할 필요가 있습니다.
- 공부 방법 : 실제로 주사위를 던져 보면서 주사위의 눈이 {1, 2, 3, 4, 5, 6} 이외에는 나오지 않는다는 것이나 동전 한 개를 던졌을 때 나올 수 있는 경우는 {앞면, 뒷면} 뿐이라는 것을 확인할 필요가 있습니다. 실생활에서 접할 수 있는 상황을 설정하여 두 가지 중에 하나를

선택할 때 주사위나 동전 등을 던져서 어떻게 결정을 내리는 것이 공평한가를 살펴보는 것도 좋은 공부가 됩니다.

또한 전철이나 버스 안내도를 보면서 가고 싶은 곳을 정한 후, 목적지로 갈 수 있는 경우의 수가 얼마인지 합의 법칙과 곱의 법칙을 사용하여 구해 보는 것도 좋습니다.

- 관련 교과 단원 및 내용 : 경우의 수를 처음 접하거나 이미 배웠어도 이해가 되지 않았던 학생들에게 시행, 사건, 경우의 수에 대한 의미를 보다 명확히 전달하고 공평성이라는 부분을 되새김질하기 위한 읽기 자료로 활용할 수 있습니다.

두 번째 수업 _ 순서가 있는 경우의 수

4명이 한 개의 그네를 타기 위해 순서를 정하는 경우의 수는 $4 \times 1 = 4$이고, 4명이 주인공 사진 2장을 선택하여 순서를 정할 경우의 수는 $4 \times 3 = 12$가 됩니다. 또한 4명이 4개의 의자를 선택하여 순서를 정할 경우의 수는 $4 \times 3 \times 2 \times 1 = 24$가 됨을 알아봅니다.

구체적인 예를 통해 학습이 끝난 후에도 각각 2장, 3장, 4장의 수 카드를 이용하여 정수를 만드는 과정을 이해할 수 있습니다. 4명의 아이들이 의자 4개에 순서대로 앉는 경우나 수 카드 4장을 이용하여 4자리 정수를 만드는 경우가 서로 같음을 알 수 있습니다.

• 선수 학습 : 수 카드로 정수를 만들 때 자릿값의 개념을 알고 있어야 합니다. 또한 사전식 배열을 학습하기 위해서는 한글 자음과 모음의 순서와 영어 알파벳의 순서를 알고 있어야 합니다.

• 공부 방법 : $4\times3\times2$와 $4\times3\times2\times1$은 그 결과가 모두 24로 같지만 전자는 4개 중에서 3개를 뽑아 순서대로 나열하는 경우의 수이고 후자는 4개 중에서 4개를 모두 뽑아 순서대로 나열하는 경우의 수로써 그 의미는 서로 다르다고 할 수 있습니다. 4개에서 4개를 뽑는 것은 4개에서 3개를 뽑고 난 후 남은 한 개의 순위가 자연적으로 결정되는 것과 같기 때문에 경우의 수에는 영향을 미치지 않습니다. 그러나 $\times1$이 의미하는 것이 무엇인지는 알고 있어야 합니다.

• 관련 교과 단원 및 내용 : 수 카드가 1장일 때, 2장일 때, 3장일 때, 수 카드를 사용해서 만들 수 있는 모든 정수를 구하기 위해서는 일일이 카드를 세는 것보다는 규칙을 찾아 풀어보는 과정이 중요합니다. 단 한 장만 늘어나도 계산하기 복잡해지고 결과도 커지기 때문에 일일이 계산하는 것은 시간 낭비일 수 있습니다. 물론 적은 개수의 수 카드를 이용할 때는 일일이 헤아려서 계산해도 무방하지만 개수가 점점 늘어날수록 방법의 수는 기하급수적으로 증가하기 때문입니다. 따라서 학생들이 패턴을 찾을 수 있도록 도와주고

이를 문제에 적용할 수 있도록 합니다.

세 번째 수업 _ 순서 없이 뽑기만 하는 경우의 수

4명이 3개의 제비를 뽑는 경우는 뽑는 순서에는 상관없이 당첨이 되었느냐 되지 않았느냐를 판별합니다. 4명 중 3명이 당첨이 되는 경우를 자세히 열거해보고 4명 중 3명의 당첨자를 뽑는 것이나 4명 중 당첨되지 않는 1명을 뽑는 것이 같다는 사실을 깨닫도록 합니다. 또한 과일을 고르는 순서는 상관이 없기 때문에 사과, 배, 복숭아 순서로 담은 것이나 배, 복숭아, 사과 순서로 담은 것이나 모두 같은 경우임을 알고 3종류의 과일을 담았을 때 같은 경우가 몇 가지인지 알아봅니다.

- 선수 학습 : 집합은 순서를 고려하지 않기 때문에 집합과 원소에 대한 개념을 알고 있으면 경우의 수를 헤아릴 때 이해하기가 쉽습니다.
- 공부 방법 : 간단하게 제비뽑기를 해보면서 당첨되는 경우를 세는 것과 당첨되지 않는 경우를 세는 것이 같다는 사실을 알 수 있습니다. 또한 5종류의 과일 중에서 3종류를 선택해 봉투에 담을 경우 똑같은 경우가 몇 개 나오는지를 세는 것과 3개를 순서를 정해 일렬로 나열하는 것이 서로 같다는 사실도 이해하도록 합니다. 이러한 활동들을 통해 순서를 고려하여 일렬로 나열하는 경우와 뽑기

만 하는 경우의 차이점을 배울 수 있습니다.

- 관련 교과 단원 및 내용 : 실생활에서 순서를 고려하지 않고 여러 개 중에서 몇 개를 선택하는 일은 생각보다 자주 발생합니다. 이럴 때 선택할 수 있는 경우의 수가 얼마인지 살펴보고 비교해 보는 일이 필요합니다.

네 번째 수업 _ 대표 뽑기

4명 중 2명의 대표를 뽑는 경우의 수를 구하기 위해 다양한 방법을 이용하여 해결해 봅니다. 회장과 부회장을 뽑는 경우, 먼저 순서를 생각하지 않고 대표 2명을 뽑은 다음 두 명의 대표들의 순서를 정하여 나열하는 방법이 있습니다. 그리고 순서쌍을 이용하거나 수형도나무 그림를 이용하여 경우의 수를 헤아려 봅니다.

- 선수 학습 : 수형도를 이용하여 경우의 수를 헤아릴 때 '합의 법칙'과 '곱의 법칙'을 이용합니다.
- 공부 방법 : 대표 2명을 선출할 때, 회장 1명과 부회장 1명을 뽑는 경우와 회장, 부회장 상관없이 임원 2명을 뽑는 경우의 차이점을 알고 각각의 경우의 수를 구해 보도록 합니다. 경우의 수를 세는 데는 다양한 방법이 있지만 수형도는 수학적 문제를 도식적 표현으로 나타낼 수 있기 때문에 의미를 파악하기 쉽고 좀 더 복잡한

경우에서도 간단하게 답을 구할 수 있는 장점이 있습니다. 다른 방법을 사용하더라도 한번쯤은 수형도를 이용하여 전체적인 구조를 살펴보는 것도 좋은 방법입니다.

- 관련 교과 단원 및 내용 : 고등학교에서 다루는 경우의 수에서는 어떤 사건에 대한 조건적인 상황을 고려해야 하는 경우가 있습니다. 하지만 동시에 여러 상황을 살펴보는 것이 쉬운 일은 아닙니다. 그러나 다양하게 경우의 수를 헤아려 보면서 각각의 장 · 단점을 파악한다면 제시된 조건을 동시에 고려해야 할 때에도 적절하게 사용할 수 있습니다.

다섯 번째 수업 _ 친한 친구끼리 나란히 줄서기

6명을 한 줄로 세울 때 특정한 친구 3명을 나란히 세우는 경우의 수를 구해 봅니다. 이때 특정한 세 명을 한 사람으로 생각하면 결국은 4명을 한 줄로 세우는 경우와 같게 됩니다. 4명을 한 줄로 세우는 경우의 수는 $4\times3\times2\times1=24$이고, 특정한 3명 내에서도 순서를 바꾸는 경우는 $3\times2\times1=6$이 있으므로 전체 경우의 수는 $24\times6=144$가 됩니다.

- 선수 학습 : n명을 한 줄로 세우는 경우의 수를 알고 있어야 합니다.
  $n\times(n-1)\times(n-2)\times\cdots\times2\times1$
  사건 A와 B가 동시에 일어날 경우의 수는 A×B가 됨을 알고 있어야 합니다.

- 공부 방법 : 특정한 몇 개를 이웃해서 나열해야 할 때는 특정한 것을 한 그룹으로 취급하고 전체에서 위치를 확보하여 나열하도록 합니다. 동시에 그룹에서 특정한 것들의 순서도 고려합니다. 달리기 문제에서도 4명을 순서대로 나열하는 것으로 그치기보다는 특정한 두 사람이 이웃해서 뛸 수 있는 상황을 설정해서 경우의 수를 구해보는 것도 바람직합니다.
- 관련 교과 단원 및 내용 : 전체를 순서대로 나열하면서 특정한 부분 속에서의 순서도 함께 고려해야 하기 때문에 '동시성'이라는 의미를 파악할 수 있습니다.

여섯 번째 수업 _ 빠른 길로 가는 경우의 수

최단 거리를 찾는 것이기 때문에 지나간 길은 반복해서 가지 않고 돌아가는 경우도 고려하지 않습니다. 간단할 때는 일일이 셀 수도 있지만 여러 길이 있는 경우는 복잡하고 세는 도중에 잊는 경우가 많기 때문입니다. 이럴 때 파스칼 삼각형의 성질을 이용할 수 있으면 어려움 없이 문제를 해결할 수 있습니다. 암기하여 구하는 습관보다는 간단한 것에서부터 시작하여 수 패턴을 찾을 수 있도록 합니다.

- 선수 학습 : '합의 법칙'과 '곱의 법칙'을 이용합니다.

- 공부 방법 : 격자에 쓰인 수를 형식적으로 더하는 것이 아니라 격자에 쓰인 수의 의미와 그 수가 어떻게 나왔는지를 파악하여 최종적인 경우의 수를 구할 수 있도록 노력합니다. 파스칼 삼각형에서 볼 수 있는 여러 가지 수 패턴을 찾아보는 것도 좋은 공부가 됩니다. 파스칼 삼각형과 관련된 수학사는 동기 유발을 위한 좋은 자료가 될 것입니다.
- 관련 교과 단원 및 내용 : 파스칼 삼각형은 중학교나 고등학교 때 배우는 이항정리를 이해하는 데 많은 도움이 됩니다. 실제로 아래와 같은 자료를 만들어서 실행해 보는 것은 경우의 수를 이해하는 데 많은 도움이 됩니다. 작은 구슬을 가장 위쪽 한 가운데서 떨어뜨릴 때, 정육각형 위로 떨어질 경우의 수를 각각 적어보고 실제로 몇 개가 떨어지는지 살펴보면서 그 차이점을 비교해 보도록 합니다. 구슬의 수를 점점 늘렸을 때, 차이가 줄어드는 것도 살펴볼 필요가 있습니다.

일곱 번째 수업 _ 둥근 식탁에 앉는 경우의 수

4명이 둥근 식탁에 앉는 경우와 4명이 일렬로 줄을 서는 경우의 차이점을 이해합니다. 일렬로 섰을 때는 A–B–C–D와 B–C–D–A가 서로 다른 경우지만 둥근 식탁에 앉을 때는 같은 경우입니다. 둥근 식탁에서는 누구를 중심으로 보느냐에 따라서 같은 경우가 다르게 보일 수 있기 때문에 어느 한 사람을 고정하고 나머지 사람들이 일렬로 선다고 생각해야 합니다. 따라서 4명이 둥근 식탁에 앉는 경우의 수는 한사람을 고정하고 나머지 3명이 줄을 서는 경우와 같으므로 3×2×1=6의 경우가 됩니다.

- 선수 학습 : 순서대로 일렬로 세우는 경우의 수와 '합의 법칙' 과 '곱의 법칙' 을 학습합니다.
- 공부 방법 : 둥근 식탁에 앉는 경우의 수를 구할 때 왜 한 사람을 고정시킨 후 나머지 사람들을 일렬로 세우는 경우와 같은 방법으로 계산을 하는지 알아봅니다.
- 관련 교과 단원 및 내용 : 둥근 식탁에 앉는 경우원순열와 팔찌를 만드는 경우목걸이 순열는 고등학교에서 학습하는 내용으로 학생들이 많이 어려워하는 부분이기도 합니다. 개념을 잘 이해하지 못한 채 공식만을 이용하여 해결하기에는 한계가 있습니다. 사진을 통해 순서가 있는 경우의 수와 다른 점을 인식하고, 둥근 식탁에 앉는 경우와 구슬 팔찌를 만드는 경우를 구별해 보면서, 학습에 어려움이 없도록 합니다.

여덟 번째 수업 _ 리그전과 토너먼트

리그전은 다른 사람혹은 팀과 한 번씩 경기를 하는 것을 말합니다. 반면에 토너먼트는 두 사람혹은 두 팀이 경기를 하여 이기는 사람혹은 팀끼리 계속 경기를 진행하고 최종적으로 남은 두 사람혹은 팀이 경기를 하여 승부를 가리는 방식입니다. 따라서 리그전은 토너먼트에 비해 경기를 하는 횟수가 많습니다. 두 경기 방식의 차이점을 이해하고 각각의 경우의 수를 구합니다.

- 선수 학습 : 초등학교 수학 문제로 리그전과 비슷한 소재로 악수에 대한 이야기가 등장합니다. '3명이 악수를 할 때, 모두 몇 번의 악수를 해야 하는가?' 모든 사람과 한 번씩 악수를 해야 하며 A가 B랑 악수를 하는 것이나 B가 A랑 악수를 하는 것이나 모두 같은 경우라는 점에서 리그전의 경우의 수를 구하는 방법과 같다고 할 수 있습니다. 이런 문제는 우리가 앞서 학습한 수형도를 이용하면 쉽게 해결될 수 있습니다.
- 공부 방법 : 4명이 리그전을 하는 경우의 수는 $3\times2\times1=6$, 5명이 리그전을 할 때는 $4\times3\times2\times1=24$, 6명이 리그전을 할 때는 $5\times4\times3\times2\times1=120$의 경기를 해야 한다는 것을 이해하고, 이에 대한 규칙을 찾아봅니다. 토너먼트는 2명이 경기를 할 때는 1회, 4명이 경기를 할 때는 $2+1=3$회, 8명이 경기를 할 때는

4+2+1=7회이며, 이에 대한 규칙을 찾아봅니다.

• 관련 교과 단원 및 내용 : 리그전의 경기 횟수를 계산할 때 학생들이 흔히 범하는 오류는 A와 B, B와 A의 경기를 각각 다른 경기로 계산하는 것입니다. 4팀이 리그전을 한다고 할 때, 한 팀이 다른 3팀과 경기를 하므로 모두 4×3=12회의 경기를 한다고 계산합니다. 이에 대한 설명을 이번 수업에서 자세하게 제시하고 있으므로 학생들이 오류를 개선하는 데 도움이 될 수 있을 것입니다.

아홉 번째 수업 _ 중복을 허용한 경우의 수

5명의 학생이 3종류의 편지지를 선택하는 경우의 수는 3×3×3×3×3=243입니다. 편지지는 모두 넉넉하게 있으므로 부족해서 선택을 하지 못하는 상황은 없다고 가정합니다. 편지지를 선택하고 편지를 쓸 친구로 선택합니다. 자신까지 포함시킬 수 있으므로 5×5×5×5×5=3125입니다. 마지막으로 다 쓴 5통의 편지를 서로 다른 2개의 우체통에 넣는 경우의 수는 2×2×2×2×2=32가 됨을 알 수 있습니다.

• 선수 학습 : 순서를 생각하지 않고 뽑기만 하는 경우에서는 '합의 법칙'과 '곱의 법칙'을 학습합니다.

• 공부 방법 : 5명의 학생이 3종류의 편지지를 선택하는 경우의 수를 구해 보고, 편지를 쓸 친구를 선택하는 경우의 수가 얼마인지

생각해 봅니다. 다 쓴 5통의 편지를 서로 다른 2개의 우체통에 넣는 경우의 수도 살펴봅니다. 모든 과정이 순서를 생각하지 않고 뽑기만 하는 경우라는 것을 이해해야 합니다.

- 관련 교과 단원 및 내용 : 순서를 고려하지 않고 뽑기만 하되 중복하여 뽑을 수 있는 경우를 다루고 있습니다. 다소 어려운 내용이지만 충분히 이해할 수 있도록 자세히 다루고 있으므로 고급 과정에서 다루는, 중복을 허락하여 뽑는 경우중복조합를 이해하는 데에도 도움이 될 것입니다.

파스칼을 소개합니다

Blaise Pascal (1623 ~ 1662)

"진정한 수학자는 모든 사물을

정의와 원칙에서만 설명한다.

바르게 사고한다는 것은 명료한

원칙이 존재한다는 것과 같은 의미이다."

여러분, 나는 파스칼입니다

"진정한 수학자는 모든 사물을 정의와 원칙에서만 설명한다. 바르게 사고한다는 것은 명료한 원칙이 존재한다는 것과 같은 의미이다."

이렇게 멋진 말을 한 사람이 누구일까요?

그건 바로 나, 블레즈 파스칼Blaise Pascal입니다. 물론 내가 했던 말 중에 이것보다 더 유명한 말도 있습니다.

'인간은 생각하는 갈대다', '클레오파트라의 코가 조금만 더 낮았더라면 인류의 역사는 달라졌을 것이다' 많이 들어보셨죠? 나는 수학이나 과학뿐만 아니라 종교에도 관심이 많았습니다.

어떤 수학자는 나를 아마추어 수학자라고 비웃기까지 했지만 내가 발견한 많은 이론들이 오늘날까지 수학이나 물리학에서 주요하게 다뤄지고 있다는 사실을 밝혀두고 싶습니다.

나는 1623년 6월 19일 프랑스에서 태어났습니다. 어려서부터 수학에 뛰어난 재능을 보였지만 몸이 허약해서 대부분의 시간을 집에서 보내야 했습니다. 나의 아버지 에티엔Etienne 파스칼은 왕궁에 속한 공무원이었습니다. 그 덕분에 우리 식구들은 풍요로운 삶을 살 수 있었습니다. 아버지는 언어 교육을 중요하게 생각하셨어요. 그래서 수학은 전혀 가르쳐 주지 않으셨고 오히려 수학책을 감추기까지 하셨지요. 그러나 아버지 역시 **파스칼의 달팽이**라 불리는 곡선을 발견하여 그 분야에 이름을 떨친 분이셨습니다. 수학에 대해 잘 알고 있었기 때문에 내가 수학 공부를 하게 되면 온 정신을 거기에 쏟게 되어 건강을 해치고 다른 공부도 소홀히 할까봐 일부러 배우지 못하게 하셨던 것 같습니다. 그러나 그런 것들이 오히려 나한테는 수학에 대한 호기심을 불러 일으켰고, 혼자서 수학 공부를 열심히 했습니다. 어느 날 나는 방에서 원과 직선 등을 그려가면서 공식을 세우고 증명하면서 도형에 관한 성질을 연구하고 있었습니다. 아버지께서 내 방에 들어오신 것도 모르고 말이죠. 아버지께서는 지금 무엇을 하고 있는 거냐고 물으셨습니다. 나는 방금 연구한 **삼각형의 내각의 합은 180°와 같다**는 내용을 자세히 말씀드렸습니다. 나중에 알고 보니 이게 바로 그 유명한 **유클리드의 32번째 정리**였다는군요.

아버지께 혼났냐고요? 물론 아닙니다. 아버지께서는 수학도 따로 배우지 않은 내가 유명한 정리를 혼자 증명하는 것을 보고는 많이 놀라셨는지 나중에는 유클리드의 《원론Elements》 책도 갖다 주셨습니다. 얼마나 기뻤는지 모릅니다. 나는 이 책을 가지고 열심히 공부했습니다. 14살 때는 아버지와 같이 수학자 단체의 정기 모임에도 참석할 수 있었습니다. 16살에는 원뿔곡선에 대한 논문을 발표해서 당시 수학자들로부터 주목을 받았지요. 물리학에도 관심을 갖고 기압에 대한 이론도 발표했답니다.

루앙 지방에서 아버지는 세금 걷는 일을 하셨는데 그때는 화폐의 체계가 통일되어 있지 않아서 돈을 계산하는 일이 매우 복잡하고 시간도 많이 걸렸습니다. 그래서 나는 아버지의 일을 도와드리게 되었고 계산기까지 발명하게 되었습니다. 물론 지금의 계산기와 비교하면 제대로 작동하지 않고 계산이 틀릴 때도 많았지만 인간만이 할 수 있는 계산을 기계가 했다는 사실은 그 당시만 해도 대단한 일이었습니다. 그때 내가 50여개 정도의 계산기를 만들었는데 아직도 몇 개는 파리에 있는 박물관에 보존되어 있답니다. 그리고 오늘날의 기술 전문가들이 컴퓨터 고급 언어에 파스칼이라는 이름을 붙여 준 것만 봐도 내가 이룬 업적을 인정해 준다는 것을 알 수 있지 않습니까? 이런 내가 수학의 아마추어라니, 조금은 억울할 만하죠? 그러나 워낙 몸이 약하다보니 수학 연구를 오랫동안 하지 못한 것은 사실입니다. 아파서 밖에 잘 나가지도 못하고 집 안에서만 생활한 적이 많았습니다. 그러다보니 습관적으로 생각나는 것들을 간단하게 종이에 적곤 했는데, 내가 죽은 뒤 여동생이 다른 사람들과 함께 그것들을 정리해서 세상에 소개했습니다. 그것이 바로 《파스칼의 명상록》입니다. 몸이 아파서 수학 연구를 할 수 없어서 고통스러울 때도 많았지만 그렇기 때문에 종교나 철학에도 몰두할 수 있었던 것 같습니다. 39세라는 짧은 생애를 살았지만 오늘날의 수학, 물리, 철학, 종교 등에 많은 업적을 세웠다는 자부심을 갖고 있답니다.

내가 수학을 연구한 것 중에 **파스칼의 삼각형**이라는 것이 있습니다. 대부분의 훌륭한 수학자들과 마찬가지로 나도 여기서 패턴의 아름다움과 위대함을 발견했습니다. 무엇이길래 그렇게 뜸을 들이냐고요? 수세기 전에 이미 중국 수학자들에 의해 전해 오던 '산술 삼각형'이 있었습니다. 나는 산술 삼각형에서 다양한 패턴을 발견하고 법칙으로 나타내는 데 많은 시간을 보냈습니다. 여기서 발견한 성질들을 응용하여 많은 문제들도 해결했답니다. 그래서 많은 사람들이 '산술 삼각형'을 '파스칼의 삼각형'으로 불러주고 있습니다.

여러분들도 기회가 되면 파스칼 삼각형 안에 어떤 성질이 숨어있는지 찾아보기 바랍니다. 재미있는 규칙들이 많이 있답니다.

내 친구 중에 승부에 아주 관심이 많은 슈발리에 드 메레라는 친구가 있었습니다. 어느 날 이 친구가 나에게 이런 문제를 물어봤습니다.

"실력이 똑같은 두 사람이 주사위 게임을 하는 도중에 사정이 생겨서 게임을 중단하게 되었다네. 이 경우에 상금을 어떻게 분배해야 하는가?"

이 문제는 간단해 보이지만 실제로는 그리 간단한 문제가 아니었습니다. 왜냐하면 이 문제의 해결 방법이 이론적으로 확률가능성이라는 수학의 한 부분이 탄생하는 데 결정적인 역할을 했으니까요. 나는 이 문제를 수학자 페르마에게 전하고 편지를 주고받으면서 명쾌하게 해결했습니다. 그때 우리가 주고받았던 편지들은 수학사적으로 중요한 자료였는데 페르마의 편지는 남아 있었지만 내가 쓴 편지는 안타깝게 분실이 되었답니다.

나와 페르마가 함께한 연구는 당시에 확률가능성에 대한 많은 관심을 불러 일으켰고 초기에는 게임의 결과에 대한 연구가 활발히 이루어졌지만 말 그대로 '가능성' 이기 때문에 갖는 여러 가지 문제점들로 인해 어려움이 많았습니다. 그러나 뒤에 여러 후배 수학자들이 노력한 결과 지금의 확률론이 탄생되었습니다.

우리는 일기예보에서 비가 올 가능성을 짐작해 보기도 하고 이전의 경기 기록으로 우승팀을 예상해 보기도 합니다. 이처럼 우리 주변에는 어떤 일이 일어날 가능성을 미리 짐작할 수 있으면 편리한 경우가 많이 있습니다.

자, 그러면 나파스칼와 함께 어떤 일이 일어날 가능성이 있는 경우의 수를 헤아려 봅시다!

안녕하세요.
내 이름은 블레즈
파스칼입니다.
안녕하세요?
누구
신지?
나를 잘
모르시겠다
고요?
인간은 생각하는 갈대다
클레오파트라의 코가 조금만
더 낮았더라면 인류의 역사는
달라졌을 것이다
이 유명한
말들은 다 내가
한 것이랍니다.
나는 어렸을 적
몸이 매우
허약했어요.
콜록 콜록
허약한 블레즈가
수학 문제에
매달리면 더욱
건강을 해치게
될 거야.
수학을 공부하지
못하도록 수학책을
숨기자.
콜록
콜록
아버지가 수학을
공부하지 못하게
말리시지만 수학은
너무 재밌어.
블레즈! 수학
공부하지 말라고
그랬지.
네! 아버지
말씀대로 수학
대신 언어학
공부를 할게요.
〈며칠 후〉
수학 공부를
도저히
멈출 수가
없어.

'삼각형의 내각의 합은 180° 이다'
블레즈! 또 수학 공부를 하고 있구나!
방 방
죄송해요. 아버지!
아니
수학 공부를 못하게 책을 모두 숨기고 제대로 가르쳐준 적도 없는데 유클리드의 32번째 정리를 스스로 깨우치다니…
헤
블레즈야! 이 책이 바로 유클리드의 원론Elements이다. 수학을 공부하고 싶다면 맘 놓고 공부를 하도록 하거라.
와아
아버지 감사합니다!
나는 몸이 약해 39살의 젊은 나이에 세상을 떠났지만 하고 싶었던 수학 공부를 맘 놓고 하며 수학사에 많은 업적을 남겼답니다.
이미 17세기에 완벽하진 하지만 50여 개의 계산기를 만들었고 삼각형을 이용한 정리, 즉 파스칼의 삼각형도 만들었답니다.
아무도 여러분들이 수학 공부를 못하게 말리지 않을 테니 나와 함께 맘 놓고 경우의 수를 공부하도록 합시다.
네!

첫 번째 수업

1 사건과 경우의 수

경우의 수를 구하는
합의 법칙과 곱의 법칙에
대해 알아봅시다.

첫 번째 학습 목표

1 여러 가지 상황 중에 하나를 선택해야 하는 경우와 공평한 조건에서 각각의 사건이 일어날 수 있는 경우의 수를 살펴보고, 합의 법칙과 곱의 법칙을 이용하여 경우의 수를 세어 봅니다.

미리 알면 좋아요

1 배수 어떤 수의 몇 배가 되는 수입니다.

예) 2의 배수 = 2, 4, 6, 8, …

3의 배수 = 3, 6, 9, 12, …

2 약수 어떤 수를 나머지 없이 나눌 수 있는 수입니다.

예) 6의 약수 = 1, 2, 3, 6

3 순서쌍 두 집합의 원소에 순서를 주어서 만든 쌍입니다.

예) 집합 A = {10원짜리 동전 앞면, 10원짜리 동전 뒷면},

집합 B = {100짜리 동전 앞면, 100원짜리 동전 뒷면}

⇒ A의 원소와 B의 원소를 순서를 주어서 짝을 만들면 다음과 같습니다.

(10원 동전 앞면, 100원 동전 앞면), (10원 동전 앞면, 100원 동전 뒷면),

(10원 동전 뒷면, 100원 동전 앞면), (10원 동전 뒷면, 100원 동전 뒷면)

파스칼이 첫 번째 수업을 시작했다

주사위를 던져 나오는 눈의 경우의 수

내일은 파스칼 선생님이 소희와 진규랑 같이 현장 학습을 가기로 한 날입니다.

평소에 미술을 좋아하는 소희는 미술관 가기를 원하고 진규는 미술관 보다는 민속 체험을 할 수 있는 민속 박물관에 가기를 원

합니다.

두 군데를 모두 갈 수 있으면 좋겠지만 그 중에 한 곳만 가야 합니다. 어떻게 결정을 하면 좋을까요?

아이들과 고민한 끝에 주사위를 던져서 2의 배수가 나오면 미술관으로, 3의 배수가 나오면 박물관에 가기로 했습니다.

갑자기 소희가 불만이 가득한 표정으로 말했어요.

"3이 2보다 더 크잖아. 내가 불리해. 보나마나 박물관에 가게 될 거야."

과연 소희의 말처럼 3이 2보다 크니까 불리한 결과가 나올까요?

한 개의 주사위를 던져서 나올 수 있는 눈은 1, 2, 3, 4, 5, 6, 모두 6가지입니다. 미술관에 가려면 2의 배수가 나와야 하고, 그 때의 가짓수는 2, 4, 6, 모두 3가지입니다. 만약 박물관에 가려면 3의 배수인 3과 6이 나와야 하고 가짓수는 2입니다. 물론 주사위는 찌그러지지 않고 여섯 면이 모두 반듯해야 공정하겠지요?

자, 미술관과 박물관 중에서 어느 곳에 갈 가능성이 더 높을까요?

"아자! 미술관에 갈 가능성이 더 높다."

경우를 따져보고 난 소희는 아까와 달리 기분이 좋아졌습니다.

"그럼 내가 불리한 걸."

이번엔 진규가 투덜거렸습니다.

드디어 주사위를 던질 시간. 두근두근……. 이런, 주사위의 눈이 '1'이 나왔습니다. 1은 2의 배수도 아니고 3의 배수도 아니니까 다시 던져야겠군요. 그런데 만약 5가 나오면 어떻게 할까요? 그때도 다시 던져야 할까요? 생각해 보니 주사위의 눈에는 2의 배수도 아니고 3의 배수도 아닌 수들이 있군요.

규칙을 다시 정해야겠습니다. 주사위를 던져서 짝수의 눈인 2, 4, 6이 나오는 경우가 3가지, 홀수의 눈인 1, 3, 5가 나오는 경우도 3가지이니까 소희와 진규 모두에게 공평하다고 할 수 있겠죠? 따라서 주사위를 던져서 짝수의 눈이 나오면 미술관으로, 홀수의 눈이 나오면 박물관으로 가면 되겠네요.

그런데 소희가 왠지 이번에 던지면 홀수가 나올 것 같은 생각이 들었나 봅니다. 홀수가 나오면 미술관으로 가는 걸로 바꿔달라는 군요.

"이래나 저래나 경우의 수는 똑같은 걸 가지고……. 그래, 좋

아. 맘대로 해.”

진규가 순순히 양보를 했습니다.

자, 주사위가 던져졌습니다. 어떤 결과가 나왔을까요?

소희와 진규는 주사위 한 개를 던졌을 때 일어날 가능성을 조사하기 위해 직접 주사위를 던져 보았습니다. 이렇게 직접 해보

시행 어떤 일이 일어날 가능성을 조사하기 위해 직접 실행하는 것.

경우의 수 사건이 일어날 경우의 가짓수

는 것을 시행이라고 합니다. 주사위를 던지면 어떤 결과가 나오겠지요? 시행을 통해 나올 수 있는 결과들을 사건이라고 합니다. 예를 들어 주사위를 던지면 1도 나오고 2도 나오고 6도 나올 수 있습니다. 하지만 7이나 8은 나올 수 없지요? 그래서 이때의 사건은 { 1, 2, 3, 4, 5, 6 }만 해당됩니다. 그리고 사건이 일어나는 경우의 가짓수를 경우의 수라고 합니다. 경우의 수를 셀 때는 기회를 공평하게 줘서 같은 것을 2번 세지 않아야 하고 빼놓고 세는 일도 없도록 해야 합니다. 주사위를 던졌을 때 나올 수 있는 사건에는 모두 6가지가 있으므로 '경우의 수는 6' 입니다. 이번에는 주사위 한 개를 던졌을 때 2보다 작은 눈이 나오는 경우의 수를 생각해 봅시다. 2보다 작은 눈이라면 2의 눈은 해당되지 않겠죠? 그러니까 이때의 사건은 {1}만 해당 됩니다. 따라서 2보다 작은 눈이 나오는 경우의 수는 1입니다.

주사위 말고 다른 경우에 대해 알아볼까요?

100원짜리 동전 한 개를 던진다고 합시다. 이때 일어날 수 있는 사건은 '앞면' 이 나타나거나 '뒷면' 이 나타나는 경우입니다. 사건은 { 앞면, 뒷면 }이고 원소의 수는 2가지이므로 '경우의 수는 2' 라고 합니다.

이번에는 1부터 10까지의 숫자가 쓰인 카드가 있다고 합시다. 이 카드 중에서 한 장을 뽑을 때 3의 배수가 나오는 경우의 수를 구한다고 한다면, 이때의 사건은 '3의 배수' 를 뽑는 것이므로 사건은 { 3, 6, 9 }입니다. 따라서 3의 배수가 나올 경우의 수는 3이 되는 것입니다.

합의 법칙

오늘은 파스칼 선생님이 보경이와 함께 보경이의 모자와 신발을 사러 나왔습니다.

보경이는 이 중에서 한 개의 모자를 사려고 합니다. 보경이는 마음속으로 이 6가지 모자 중에서 어느 것을 살까 고민을 하고

있습니다.

선택된 모자는 깃털이 달린 모자일 수도 있고 깃털이 없는 모자일 수도 있습니다.

"깃털이 달린 모자를 살까?"

보경이는 또는 또는 을 번갈아 보며 이 중 어느 것을 택할까 고민을 하고 있습니다. 보경이가 지금 모자를 선택할 경우의 수는 3입니다.

"깃털이 없는 모자도 예쁠 것 같아요."

보경이는 이번에는 깃털이 없는 모자들 쪽을 바라보았습니다.

이번에도 보경이가 선택할 수 있는 경우의 수는 3입니다. 보경이는 마음에 드는 모자가 많았지만 깃털이 달린 모자와 깃털이 없는 모자 6개 중에서 한 개만 사야 합니다. 모자 6개 중에서 한

개를 선택할 방법의 수는 6입니다. 결국은 깃털이 있는 모자든 깃털이 없는 모자든, 구별하지 않고 전체 모자 6개 중에서 하나의 모자를 선택하는 것과 같습니다.

= 6가지

모자 한 개를 선택하는 방법의 가짓수

= 깃털이 달린 모자를 선택하는 방법의 가짓수 + 깃털이 없는 모자를 선택하는 방법의 가짓수

모자를 사고 이번에는 신발 가게로 들어갔습니다. 보경이가 이것저것 구경하다가 마음에 드는 구두와 운동화를 여러 켤레 골랐습니다.

"파스칼 선생님! 구두를 살지 운동화를 살지 결정하기가 힘들어요. 모두 마음에 들거든요."

보경이가 모자를 고를 때와 마찬가지로 난처하다는 듯이 말했어요.

정말 골라온 신발이 모두 예뻐서 보경이에게 잘 어울리겠네요.

그래도 이 중에서 단 한 켤레의 신발만을 골라야 합니다.

만약에 보경이가 구두를 선택한다면 구두를 선택할 경우는 (구두 그림 5개) 중 한 켤레이므로 경우의 수가 5가 되겠지요. 그러나 운동화를 선택한다면 운동화를 선택할 경우는 (운동화 그림 3개) 중 한 켤레이므로 경우의 수는 3이 되는군요.

지금 사야 하는 신발 역시 단 한 켤레이므로 구두와 운동화를

동시에 선택할 수는 없습니다. 따라서 보경이가 골라온 신발 중에서 한 켤레를 선택할 방법의 수는 구두 5가지와 운동화 3가지를 합친 8가지입니다. 결론은 구두든 운동화든 구별하지 않고 전체 신발 8개 중에서 한 켤레의 신발을 선택하는 것과 같습니다.

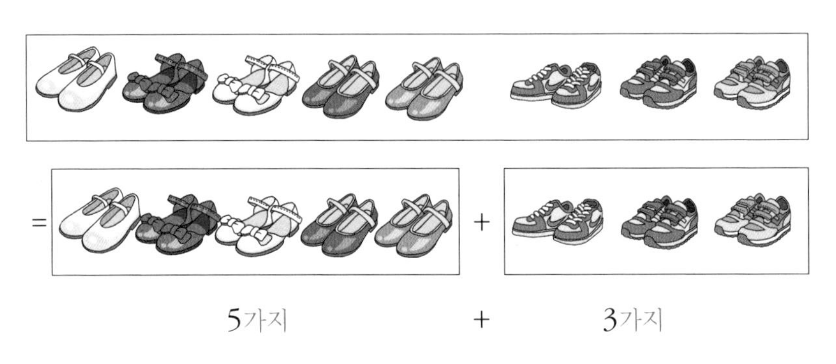

= 8가지

신발 한 켤레를 선택하는 방법의 가짓수

= 구두를 선택하는 방법의 가짓수 + 운동화를 선택하는 방법의 가짓수

이렇게 각 사건에 대한 가짓수를 더하여 전체 경우의 수를 구하는 것을 합의 법칙이라고 합니다.

합의 법칙과 관련된 문제를 좀 더 설명해주기 위해 파스칼은 보경이를 데리고 서점에 갔습니다.

보경이는 어떤 종류의 책을 좋아하나요?

"저는 수학과 과학에 관련된 책을 좋아해요. 물론 만화로 된 책을 주로 읽지만요."

보경이가 웃으면서 대답했어요.

파스칼은 보경이가 좋아할 만한 수학 관련 책 3종류와 과학 관련 책 4종류를 골랐습니다.

내가 이 중에서 한 권을 선물로 사줄 테니 보경이가 마음에 드는 것으로 골라보세요.

보경이는 먼저 수학책을 훑어보았습니다.

수학책이 모두 , , 3권이 있으므로 보경이가 수학 관련 책을 선택할 방법이 3가지가 있군요.

이번에는 보경이가 과학책을 훑어보았습니다.

“과학책은  4권이 있어요.”

과학책이 모두 4권이므로 보경이가 과학책을 선택할 방법은 4가지가 있군요. 따라서 이 중에서 보경이가 한 권의 책을 고를 수 있는 방법은 수학책 3권과 과학책 4권을 합한 수인 7가지가 됩니다.

합의 법칙으로 다시 정리를 해봅시다.

사건 A = 수학책을 선택할 경우

사건 B = 과학책을 선택할 경우,

사건 A가 일어날 경우의 수 = 3

사건 B가 일어날 경우의 수 = 4

그러므로

(한 권의 책을 선택할 경우의 수)

= (수학책을 선택하는 경우의 수) + (과학책을 선택하는 경우의 수)

= 3 + 4 = 7입니다.

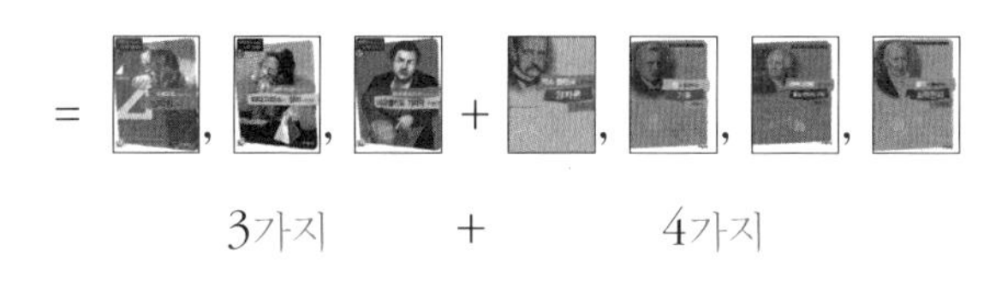

3가지 + 4가지

= 7가지

오늘은 보경이가 예쁜 모자와 신발 그리고 마음에 드는 책까지 선물을 받아서인지 기분이 몹시 좋았나 보네요. 버스 정류장에 도착할 때까지 보경이의 콧노래가 멈추지 않는군요.

버스 정류장	집으로 가는 버스 노선 지선버스: 1111, 1211, 1311 간선버스: 100, 101
	집으로 안 가는 버스 노선 2211, 3322, 4411, 5522

집에 갈 수 있는 버스 노선을 살펴보니 지선버스와 간선버스 두 종류가 있습니다. 지선버스는 {1111, 1211, 1311}의 3가지, 간선버스가 {100, 101}의 2가지가 있습니다. 지선버스와 간선버스의 노선을 모두 합하니까 갈아타지 않고 한 번에 갈 수 있는 버스 노선은 3+2=5, 즉 5가지가 되는 것을 알 수 있습니다. 5개의 노선 중에서 먼저 오는 버스를 타면 되겠지요!

곱의 법칙

파스칼 선생님이 버스 안에서 10원짜리 동전 한 개와 100원짜리 동전 한 개를 꺼내셨습니다.

이 두 개의 동전을 동시에 던졌을 때 나오는 경우의 수는 얼마일까요?

"10원짜리 동전을 던졌을 때 나올 수 있는 경우는 {앞면, 뒷면} 2가지이고 100원짜리 동전도 마찬가지니까 2+2=4가 아닐까요?"

보경이의 말이 맞는지 확인해 봅시다.

아까 모자를 선택하거나 책을 선택하는 시행에서는 두 가지 사건이 동시에 일어날 수가 없었습니다. 깃털이 있는 모자와 없는 모자를 동시에 선택할 수 없고 수학책과 과학책도 동시에 선택할 수는 없습니다. 그렇기 때문에 각각 일어날 수 있는 경우의 수를 더해준 것입니다. 즉 사건 A가 일어나거나 또는 사건 B가 일어날 경우의 수는 각각의 사건이 일어날 경우의 수를 서로 더해줌으로써 구해집니다.

그러나 여기서는 10원짜리 동전을 던져서 나오는 사건과 100원짜리 동전을 던져서 나오는 사건이 동시에 일어날 수 있습니다. 즉 10원짜리 동전을 던져서 나올 수 있는 경우는 앞면이나 뒷면, 2가지 그리고 100원짜리 동전을 던져서 나올 수 있는 경우도 10원짜리 동전을 던져 나온 사건과는 상관없이 앞면이나 뒷면, 2가지 경우가 나올 수 있습니다. 이것을 그림으로 그려보면 다음과 같습니다.

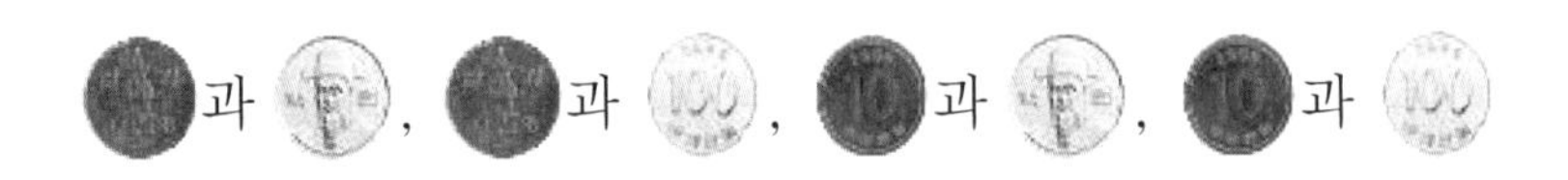

이것을 헷갈리지 않게 짝을 지어서 나타내 봅시다.

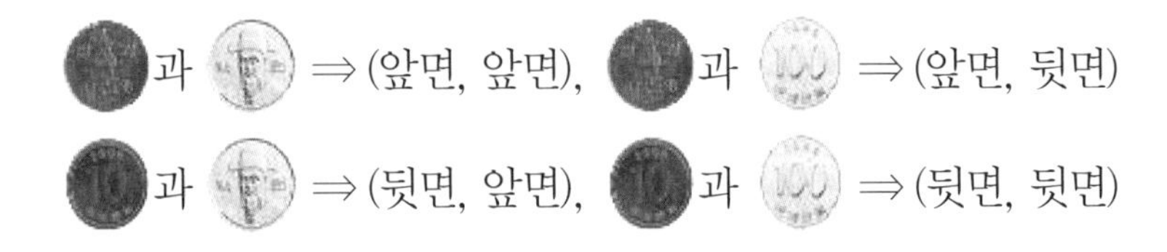

따라서 모두 4가지의 경우의 수가 나오는 것을 알 수 있습니다.

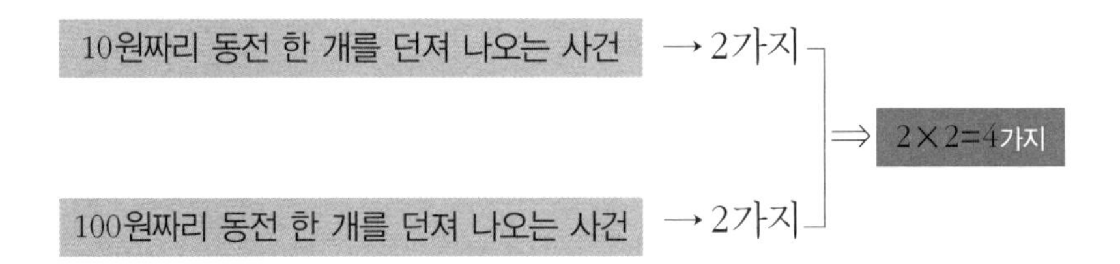

처음에 보경이가 말했던 2+2=4라는 경우가 지금처럼 2×2=4

로, 같은 경우의 수가 나오기는 하지만 이것은 2+2가 아니라 2×2로써의 4가 되는 것입니다. 이번에는 우연찮게 결과가 같았지만 덧셈과 곱셈의 결과가 같은 경우는 많지 않으므로 혼동하지 않게 조심하세요.

서로 다른 동전 2개를 가지고 나올 수 있는 경우의 수를 헤아리다보니 벌써 내릴 때가 되었군요.

파스칼의 집에는 벌써 다른 아이들이 많이 와 있었습니다. 보경이는 신이 나서 아이들을 보자마자 모자와 신발을 산 이야기, 파스칼에게 책을 선물 받은 이야기, 집에 오는 버스 노선 이야기까지 말해 주었어요. 서로 다른 2개의 동전을 던졌을 때 나오는 경우의 수에 대한 이야기를 하려는 찰나에 파스칼이 동전과 주사위를 가지고 나왔습니다.

10원짜리 동전 한 개와 주사위 한 개가 있습니다. 두 개를 동시에 던졌을 때, 나오는 경우의 수를 짝을 지어 구해봅시다. 어떻게 짝을 지으면 좋을까요?

우선, (동전, 주사위) 순서로 짝을 지을 수 있습니다.

한번 짝을 지어 볼까요?

(앞면, 1) (앞면, 2) (앞면, 3) (앞면, 4) (앞면, 5) (앞면, 6)

(뒷면, 1) (뒷면, 2) (뒷면, 3) (뒷면, 4) (뒷면, 5) (뒷면, 6)

따라서 전체 경우의 수는 (동전, 주사위)의 순서대로 했을 때

2×6=12가 됩니다.

또 다른 경우로 (주사위, 동전)의 순서로 할 수도 있습니다. 그럼, 이 순서대로 다시 짝을 지어 볼까요?

(1, 앞면), (2, 앞면), (3, 앞면), (4, 앞면), (5, 앞면), (6, 앞면)
(1, 뒷면), (2, 뒷면), (3, 뒷면), (4, 뒷면), (5, 뒷면), (6, 뒷면)

이것도 (주사위, 동전)의 순서대로 하니까 6×2=12가 나왔습니다.

이것을 다시 표로 확인해 보겠습니다.

10**원**												
주사위	1	2	3	4	5	6	1	2	3	4	5	6

동전 한 개와 주사위 한 개를 동시에 던졌을 때 나오는 경우의 수는 모두 2+6=8이 아니라는 것을 알겠지요? 10원짜리 동전 한 개를 던졌을 때 나오는 경우의 수는 2이고 이에 대해 각각의 주사위의 눈이 나오는 경우의 수가 6이므로 2×6=12가 됩니다.

이렇게 각 경우의 가짓수끼리 곱하여 전체 경우의 수를 구하는 것을 곱의 법칙이라고 합니다.

열심히 공부하다 보니 벌써 5시가 되었군요. 아참, 오늘 우체국에 가서 소포를 붙여야 하는 것을 잊고 있었네요.

"우체국이 어디 있어요?"

진규가 말했습니다.

"글쎄, 본 것 같기도 한데 잘 모르겠네?"

아이들이 갸우뚱거리며 말했어요.

파스칼이 칠판에 약도를 그렸습니다.

집에서 우체국까지 가는 길이 여러 개가 있습니다. 우체국을

가기 위해서는 꼭 공원을 지나서 가야 합니다. 어떻게 가는 게 좋을까요? 공원까지는 가는 데는 세 갈래의 길이 있습니다.

"저 같으면 파스칼 선생님 집에서 공원까지는 A길로 갔다가 공원에서 우체국까지는 a길로 가겠어요."

진규가 말했어요.

"나도 A길로 가려고 했는데."

소희가 아쉬운 듯 말했습니다.

"공원까지는 A길로 가고 우체국까지는 b길로 가면 되잖아. 그러면 나랑 똑같은 길을 간 게 아니잖아"

진규가 말했어요.

"그러네. 진규 너는 A→a길로 가고, 나는 A→b길로 가면 우린 같은 길을 간 게 아니야."

진규가 우체국까지 가는 방법:

소희가 우체국까지 가는 방법

보경이는 어떤 길로 가길 원하죠?

"저는 소희와 진규가 A길로 갈 수 있는 방법은 다 골랐으니까 공원까지는 B 아니면 C의 길을 선택해야겠네요. 그렇다면 저는 공원까지는 B길로 가고 난 후 우체국까지는 a길로 가겠어요."

보경이가 대답했어요.

"저는 B길로 갔다가 b길로 갈래요."

약도를 물끄러미 보고 있던 장훈이도 말했습니다.

보경이가 우체국까지 가는 방법:

장훈이가 우체국까지 가는 방법:

그런데 지금까지 가만히 있던 미나가 갑자기 큰 소리로 말했습니다.

"뭐야, 앞에서 A와 B길을 다 골라버리니까 같은 데로 가지 않으려면 갈 데가 C길 밖에 없잖아."

"그러게 누가 잠자코 있으래?"

"C길로 갔다가 어디로 갈 거야?"

"우체국까지 가려면 a나 b길 중 하나를 선택해야 하잖아."

"동시에 같이 갈 수는 없으니까."

아이들이 한 마디씩 했어요.

"알았어. 나는 C길로 갔다가 a길로 갈게."

미나가 못마땅하다는 듯이 대답했어요.

"그러면 이제 우체국까지 가는 길을 모두 찾은 거야?"

진규가 아이들에게 물었습니다.

"아냐, 한 가지 방법이 남았어. 미나가 C길에서 갔다가 a길로 간다고 했으니까 C길에서 b길로 가는 길이 남았어. 그 길은 파스칼 선생님이 가시는 것이 좋겠어요."

소희가 웃으면서 말했어요.

미나가 우체국까지 가는 방법:

파스칼이 우체국까지 가는 방법:

집에서 우체국까지 가는 경우의 수는 모두 6가지입니다.

즉 집에서 공원까지 가는 경우의 수는 A, B, C의 3, 그리고 각각에 대해 공원에서 우체국까지 가는 경우의 수는 a, b의 2이므로 $3\times2=6$임을 알 수 있습니다.

곱의 법칙으로 정리를 해봅시다.

사건 (가) = 파스칼 집에서 공원까지 가는 경우

사건 (나) = 공원에서 우체국까지 가는 경우

사건 (가)가 일어날 경우의 수는 3이고,

사건 (나)가 일어날 경우의 수는 2입니다.

그러므로 다음과 같습니다.

(파스칼 집에서 우체국까지 가는 경우의 수)

= (파스칼 집에서 공원까지 가는 경우의 수)

× (공원에서 우체국까지 가는 경우의 수)

$= 3 \times 2 = 6$

1 **시행** 어떤 일이 일어날 가능성을 조사하기 위해 실험하거나 관찰하는 것을 말합니다.

예) 주사위를 던진다, 동전을 던진다.

2 **사건** 시행의 결과로 일어난 현상을 말합니다

예) 주사위를 던졌을 때시행 짝수의 눈이 나오는 경우사건는 { 2, 4, 6 }으로 모두 세 가지입니다.

3 **경우의 수** 어떤 사건이 일어날 경우에 대한 가짓수를 말합니다.

예) 동전을 던졌을 때 나오는 경우의 수는 { 앞면, 뒷면 }의 2가지, 주사위를 던졌을 때 나오는 눈의 경우의 수는 { 1, 2, 3, 4, 5, 6 }의 6가지입니다.

주사위의 면은 항상 6개일까요? 이런 주사위도 있어요.

⇒ 신라 시대의 주사위목제 주령구酒令具

통일신라시대에 귀족들의 놀이에 사용하던 나무로 만든 14개의 면으로 이루어진 주사위입니다. 이 주사위는 6개의 사각형과 8개의 삼각형으로 이루어졌고, 각 면에는 여러 가지 벌칙이 쓰여 있습니다. 일반적으로 삼각형의 면이 나올 확률보다 사각형의 면이 나올 확률이 더 높지만, 이 주사위는 놀랍게도 삼각형의 면을 더 넓게 만들어 사각형의 면과 나올 가능성을 비슷하게 만들었습니다. 따라서 이 주사위를 던져서 나오는 경우의 수는 14입니다.

4 사건 A 또는 B가 일어나는 경우의 수는 a + b합의 법칙입니다.

예) 주사위 두 개를 던질 때, 두 눈의 합이 5 또는 7이 되는 경우의 수

사건 A : 두 눈의 합이 5인 경우

(1, 4), (2, 3), (3, 2), (4, 1) ⇒4가지

사건 B : 두 눈의 합이 7인 경우

(1, 6), (2, 5), (3, 4), (4, 3), (5, 2), (6, 1) ⇒6가지

따라서 두 눈의 합이 5 또는 7이 되는 경우의 수 = 4+6=10입니다.

5 사건 A, B가 동시에 일어나는 경우의 수는 a × b곱의 법칙입니다.

예) 'ㄱ, ㄴ' 2개의 자음과 'ㅏ, ㅓ, ㅗ, ㅜ' 4개의 모음에서 한 개의 자음과 한 개의 모음을 선택하여 만들 수 있는 글자의 수

사건 A : 자음을 선택할 경우

ㄱ, ㄴ ⇒ 2가지

사건 B : 모음을 선택할 경우

ㅏ, ㅓ, ㅗ, ㅜ ⇒ 4가지

따라서 한 개의 자음과 한 개의 모음을 선택하여 만들 수 있는 글자의 수는 다음과 같습니다.

$2 \times 4 = 8$

즉 {가, 거, 고, 구, 나, 너, 노, 누}의 8입니다.

두 번째 수업

2

순서가 있는 경우의 수

순서가 있는 경우의 수와 순서가 없는
경우의 수 사이에는 어떤 차이점이 있을까요?
순서가 있는 다양한 경우의 수를 구해봅시다.

두 번째 학습 목표

1 수 카드를 이용하여 정수를 만들 때 순서에 따라 자릿값이 달라지므로 서로 다른 경우로 헤아려 봅니다.

미리 알면 좋아요

1 21은 20+1이고 12는 10+2입니다. 2가 10의 자리에 있는지 1의 자리에 있는 지에 따라 자릿값이 달라집니다.

2 **사전식 배열**

– 국어사전식 배열

· 자음 : ㄱ ㄴ ㄷ ㄹ ㅁ ㅂ ㅅ ㅇ ㅈ ㅊ ㅋ ㅌ ㅍ ㅎ

(ㄱ ㄲ ㄴ ㄷ ㄸ ㄹ ㅁ ㅂ ㅃ ㅅ ㅆ ㅇ ㅈ ㅉ ㅊ ㅋ ㅌ ㅍ ㅎ)

· 모음 : ㅏ ㅑ ㅓ ㅕ ㅗ ㅛ ㅜ ㅠ ㅡ ㅣ

(ㅏ ㅐ ㅑ ㅒ ㅓ ㅔ ㅕ ㅖ ㅗ ㅘ ㅙ ㅚ ㅛ ㅜ ㅝ ㅞ ㅟ ㅡ ㅢ ㅣ)

– 영어사전식 배열

· 대문자 : A B C D E F G H I J K L M N O P Q R S T U V W X Y Z

· 소문자 : a b c d e f g h i j k l m n o p q r s t u v w x y z

파스칼이 두 번째 수업을 시작했다

수 카드로 정수 만들기

놀이터를 지나던 파스칼 선생님과 아이들이 그네를 발견했습니다. 그런데 그네가 한 개뿐이군요. 4명의 아이들은 돌아가면서 한 명씩 타기로 했습니다.

모두 먼저 그네를 타고 싶었지만 가위, 바위, 보를 해서 이긴 순서대로 그네를 탔습니다. 소희가 제일 먼저 타고 그 다음에 진규, 보경이, 장훈이 순서로 탔습니다.

한 개의 그네를 4명이 탈 수 있는 경우의 수는 얼마나 될까요? 가위, 바위, 보에 이긴 소희가 가장 먼저 탔지만 진규가 이겨서 먼저 탈 수도 있었습니다. 마찬가지로 보경이가 이겨서 먼저 탈 수도 있고 장훈이가 이겨서 먼저 탈 수도 있는 것입니다.

정리를 해보면 한 개의 그네를 4명이 탈 수 있는 경우의 수는 $1+1+1+1=4\times1=4$가 됩니다.

한 개의 그네를 싸우지 않고 4명이 번갈아 타는 모습을 보니 파스칼은 기분이 좋았습니다. 그네를 다 타고 난 후 아이들과 함께 공원에 갔습니다. 공원에서는 요즘 개봉하는 공연 홍보를 하고 있었습니다.

"공원에 재미있는 게 많네."

장훈이가 여기 저기 공원을 둘러보며 말했어요. 사진을 찍는 행사도 하고 있었습니다.

기다리는 사람은 많았지만 아이들은 사진을 찍고 가기로 했습니다.

4명의 아이들이 놀부와 흥부 사진을 한 번씩 다 찍는다면 사진을 몇 번이나 찍어야 할까요? 짝을 지어 앞에 서는 사람은 흥부 사진을 찍고 뒤에 서는 사람은 놀부 사진을 찍는다고 합시다.

먼저 진규가 흥부인 경우를 생각해 봅시다.

(진규, 소희), (진규, 보경), (진규, 장훈)

모두 3가지 경우가 있습니다.

이번에는 소희가 흥부인 경우를 생각해 봅시다.

(소희, 진규), (소희, 보경), (소희, 장훈)

여기도 3가지 경우가 있습니다.

이번에는 보경이가 흥부인 경우를 생각해 봅시다.

(보경, 진규), (보경, 소희), (보경, 장훈)
여기도 3가지 경우가 있습니다.

이번에는 장훈이가 흥부인 경우를 생각해 봅시다.

(장훈, 진규), (장훈, 소희), (장훈, 보경)
여기도 3가지 경우가 있습니다.

따라서 4명 중 2명이 흥부와 놀부가 되어서 사진을 찍는 방법은 3+3+3+3=4×3=12가 됩니다.

사진을 모두 찍는데 오래 걸리기는 했지만 아이들이 좋아하는 모습을 보니 파스칼은 기분이 좋았습니다.

자, 이제 집으로 가서 편하게 공부를 해 봅시다.

거실에는 새로 들여 놓은 4개의 예쁜 의자가 있습니다. 아이들은 모두 첫 번째 의자에 앉고 싶어 했습니다.

의자에 앉을 기회는 4명 모두에게 공평하게 있습니다. 아이들은 또다시 가위, 바위, 보를 했습니다. 1번째 의자는 장훈이가 차지했습니다. 이번엔 2번째 의자에 앉을 사람을 정할 차례입니다. 아까는 4명이 가위, 바위, 보를 했는데 이번에는 3명이 해야 하는군요. 1번째 의자를 차지한 장훈이는 그 다음 의자가 필요없기 때문에 가위, 바위, 보를 할 필요가 없습니다.

2번째 의자 당첨자는 진규입니다.

"아아…….저 자리도 뺏기다니."

소희가 울상을 지었어요.

"뺏긴 누가 뺏었어? 공평하게 가위, 바위, 보를 하는 중인걸!"

진규가 약 올리듯 말했네요. 소희는 마음속으로 장훈이와 나란히 앉고 싶어 했는데 이제 그 꿈은 이룰 수 없을 것 같군요. 1번째와 2번째 의자에 앉을 사람은 결정이 됐으니까 이번에는 3번째 의자에 앉을 사람을 정해 봅시다.

소희와 보경이 2명밖에 남지 않았습니다. 둘이서 가위, 바위, 보를 했습니다. 당첨자는 보경이가 됐네요. 장훈이와 제일 먼 자리를 앉게 되었으니 소희의 실망이 이만저만이 아닙니다.

3번째 의자까지 다 결정이 났으니 이제 마지막 4번째 의자에 앉을 사람을 정해 볼까요?

"저만 남았는데 결정할 게 뭐가 있나요. 모두들 앞의 의자에 다 앉았으니까 가위, 바위, 보를 할 필요도 없이 남아 있는 4번째 의자에 당연히 제가 앉는 거죠."

아이들은 나란히 의자에 앉아 공부를 계속했습니다.

4명이 서로 다른 4개의 의자에 앉는 경우는 지금과 같은 장훈-진규-보경-소희 순서대로 앉는 한 가지 뿐일까요?

1번째 의자부터 생각해 봅시다. 1번째 의자에는 4명 중에 한 사람이 앉을 수 있으므로 4가지 경우가 있습니다.

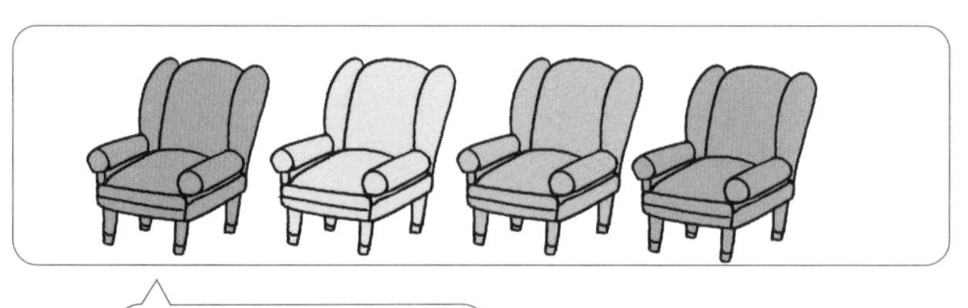

4명에게 똑같이 기회가 있어요.

1번째 의자에 앉을 사람이 결정되면 그 사람을 뺀 나머지 3명 중에 한 사람이 2번째 의자에 앉을 수 있으므로 경우의 수는 3입니다.

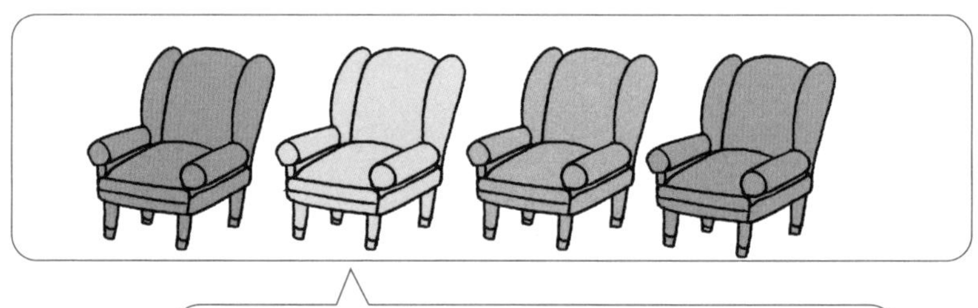

첫 번째 의자에 앉은 사람을 뺀 3명에게 똑같은 기회가 있어요.

3번째 의자는 1번째와 2번째 의자에 앉을 사람을 뺀 나머지 2명 중 한 사람이 앉을 수 있으므로 경우의 수는 2가 됩니다.

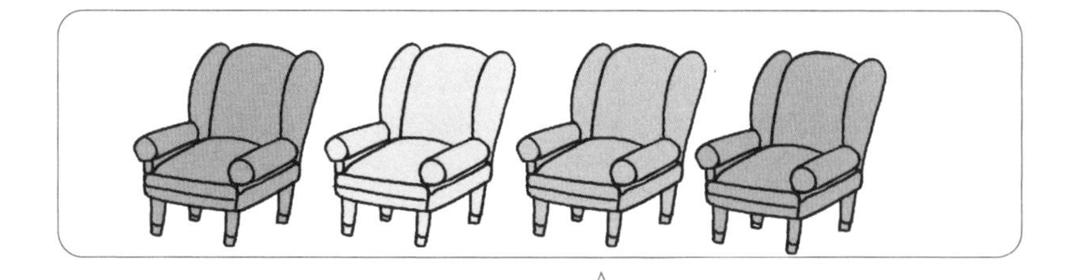

첫 번째와 두 번째 의자에 앉은 사람을 뺀 2명에게 똑같은 기회가 있어요.

4번째 의자는 앞의 3개의 의자에 앉게 된 사람들을 모두 뺀 한 명이 앉게 되므로 경우의 수는 1이 됩니다.

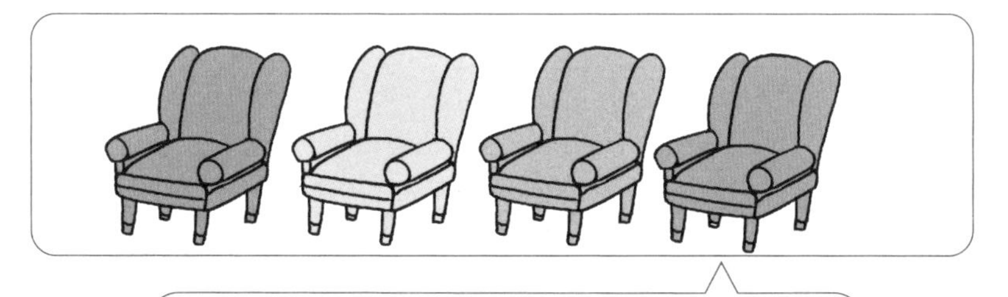

앞의 3개의 의자에 앉은 사람을 뺀 1명이 앉을 수 있어요.

1번째 의자에 앉는 경우의 수는 4, 2번째 의자에 앉는 경우의 수는 3, 3번째 의자에 앉는 경우의 수는 2, 마지막 4번째 의자에 앉는 경우의 수는 1입니다.

결국 4명이 서로 다른 4개의 의자에 앉는 경우의 수는 다음과

첫 번째 의자에 앉을래.
나도 첫 번째가 좋아.
난 첫째니까 내가 첫 번째 의자에 앉아야 해.
모두 그 첫 번째 의자에 앉고 싶어 하니 나도 앉고 싶어지네.
가위, 바위, 보로 결정하자.
가위 바위 보
야호
내가 이겼어.
의자가 4개 남았을 때는 경우의 수가 4였는데 이제 남은 의자가 3개니까 경우의 수는 3입니다.
의자에 앉는 총 경우의 수는 4 + 3 + 2 + 1로 10가지이군요.
아니죠. 의자에 앉는 것은 연결되어 일어나는 사건이므로 합의 법칙이 아닌 곱의 법칙으로 4×3×2×1 =24가지입니다.

같이 되는 군요.

$$4 \times 3 \times 2 \times 1 = 24$$

이것을 수 카드로 생각해 봅시다. 우선 순서가 있다라는 말부터 살펴보겠습니다. 여기에 수 카드 [1]과 [2], 2장이 있습니다. 이 카드 순서를 생각하지 않고 2장을 뽑겠습니다. 어떤 경우가 나올 수 있을까요?

[1]과 [2]를 뽑을 수도 있고 아니면 [2]와 [1]을 뽑을 수도 있습니다. 순서를 생각하지 않는다면 [1]과 [2]인 경우나 [2]와 [1]인 경우는 모두 같은 경우라고 생각할 수 있습니다. 그러나 만약에 이 2장의 카드를 순서를 생각해서 2장을 뽑는다고 할 때는 각각의 경우를 서로 다른 경우로 생각해야 합니다. 예를 들어 첫 번째 뽑는 수는 십의 자리 숫자로, 두 번째 뽑는 수는 일의 자리 숫자라고 생각해 봅시다.

[1]과 [2]의 순서로 뽑았다면, 제일 먼저 뽑은 [1]이 십의 자리 수가 되고 두 번째로 뽑은 [2]는 일의 자리 수가 되니까 12가 됩니다. 그렇지만 만약에 [2]와 [1]의 순서로 뽑았다면, 십의 자리 수는 [2]가 되고 일의 자리 수는 [1]이 되니까 21이 됩니다.

12와 21은 서로 다른 수이므로 순서를 생각해서 뽑는다면 두 가지가 모두 다른 경우로 취급되어야 합니다. 결국 순서가 있다는 것은 뽑은 것들을 일렬로 줄을 세우는 경우와 같다고 볼 수 있습니다.

수 카드를 다음과 같이 사용해 봅시다.

수 카드 [1], [2], [3]을 사용해서 만들 수 있는 세 자리 정수가 모두 몇 개일까요? 경우의 수를 셀 때는 한 개라도 빠뜨려서도 안 되고 같은 것을 중복해서 세도 안 됩니다. 그렇기 때문에 모든 경우의 수를 셀 때는 어떤 기준을 가지고 분류하면서 가짓수를 세어야 혼동되지 않습니다. 작은 수부터 순서대로 써보는 것이 좋겠군요. 123, 132, 213, 231, 312, 321 이렇게 모두 6가지가 나오네요.

자, 이번에 카드 한 개를 더 늘려 보겠습니다. 수 카드 [1], [2], [3], [4]를 사용해서 만들 수 있는 네 자리 정수가 모두 몇 개인지 구해봅시다.

1234, 1243, 1324, 1342, 1423, 1432,

2134, 2143, 2314, 2341, 2413, 2431,

3124, 3142, 3214, 3241, 3412, 3421,

4123, 4132, 4213, 4231, 4312, 4321

모두 24개입니다. 아까 우리가 의자 4개에 앉는 경우의 수와 같게 나오는 것을 알 수 있습니다. 즉 서로 다른 4개의 의자에 4명이 앉는 경우의 수나 카드 4개를 순서대로 나열하는 거나 모두 같은 경우라고 할 수 있습니다.

그럼 또 한 개를 더 늘려보겠습니다. 수 카드 [1], [2], [3], [4], [5]를 사용해서 만들 수 있는 다섯 자리 정수는 모두 몇 개일까요?

12345, 12354, 12435, 12453, 12534, 12543, 13245, 13254, 13425, 13452, 13524, 13542, 14235, 14253,…

단 한 장의 카드가 늘어난 것뿐인데 그 경우의 수는 복잡하게 많아진 것 같네요. 좀 더 쉽게 세는 방법을 살펴봅시다.

수 카드 [1], [2]의 2장을 사용하여 두 자리 정수를 만들 때, 십의 자리에 올 수 있는 경우는 1과 2의 2가지 경우이고, 십의 자리에 놓여있는 수 카드를 뺀 나머지 카드는 한 장 뿐이므로 일의 자리에 올 수 있는 경우의 수는 한 가지 뿐입니다. 따라서 두 사건이 동시에 일어나는 경우의 수는 곱의 법칙을 사용하여 $2\times 1=2$가 됩니다.

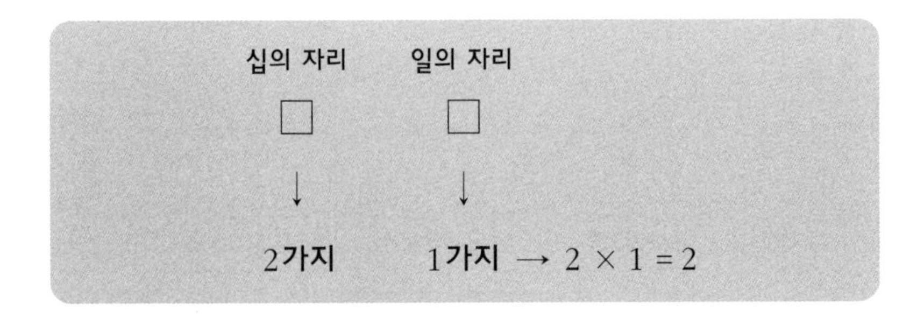

수 카드 [1], [2], [3]의 3장을 사용해서 세 자리 정수를 만들 때, 백의 자리에 올 수 있는 경우는 1, 2, 3의 3가지입니다. 십의 자리는 백의 자리에 놓여있는 수 카드를 뺀 나머지 2장의 카드가 올 수 있으므로 경우의 수가 2라고 할 수 있습니다. 마지막 일의 자리는 백의 자리와 십의 자리에 놓여 있는 카드를 제외하고는 한 장의 카드 밖에 없으므로 자연스럽게 결정이 되겠지요? 따라서 일의 자리에 올 수 있는 경우의 수는 1입니다. 그러므로 이 모든 사건들이 동시에 있어나는 경우의 수는 $3 \times 2 \times 1 = 6$입니다.

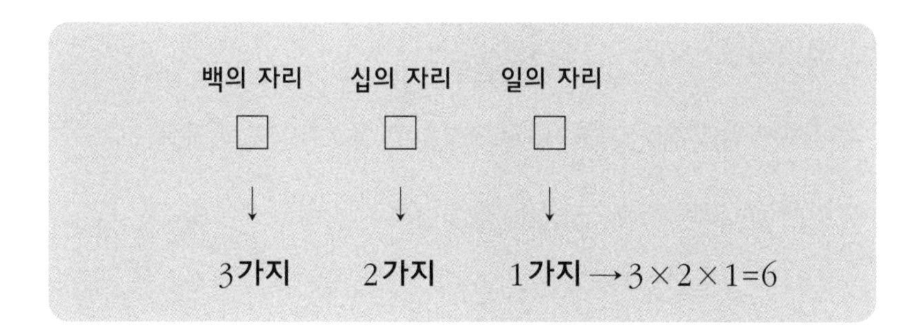

수 카드 [1], [2], [3], [4] 4장을 사용해서 네 자리 정수를 만들 때, 천의 자리에 올 수 있는 경우의 수는 4입니다. 천의 자리가 결정이 나면, 바로 앞에서 공부했던 나머지 3장의 카드로 세 자리 정수를 만드는 것과 같으므로 모든 경우의 수는 다음과 같습니다.

$$4 \times \underbrace{3 \times 2 \times 1}_{6} = 4 \times 6 = 24$$

마찬가지로 수 카드 [1], [2], [3], [4], [5], 5장을 사용해서 다섯 자리 정수를 만들 때 만의 자리에 올 수 있는 경우의 수는 5입니다. 만의 자리가 결정이 나면 역시 바로 앞에서 공부했던 나머지 4장의 카드로 네 자리 정수를 만드는 것과 같으므로 모든 경우의 수는 다음과 같습니다.

$$5 \times \underbrace{4 \times 3 \times 2 \times 1}_{24} = 5 \times 24 = 120$$

이러한 원리를 안다면 수 카드 100장을 가지고 백의 자리 정수를 만들 수 있는 경우의 수도 쉽게 구할 수 있겠죠?

사전식으로 나열하기

오늘은 오랜만에 파스칼과 아이들이 보경이네 집에 갔습니다. 보경이 방에 동생이 쓴 영어 카드가 여기 저기 놓여 있습니다.

보경이가 방 치우는 것을 도울 겸 영어 카드를 사전식으로 정리해 볼까요?

abcde abced cadbe abdec aebdc abecd baedc acbde cadeb adbec bcdae adcbe acdeb aedbc bdeac acedb acbed aebcd aecbd cabed aecdb adebc aedcb

“알파벳이 모두 5개씩이네”

“사전식으로 어떻게 정리해야 하지?”

“맨 앞에 a가 오는 것부터 모으면 되잖아”

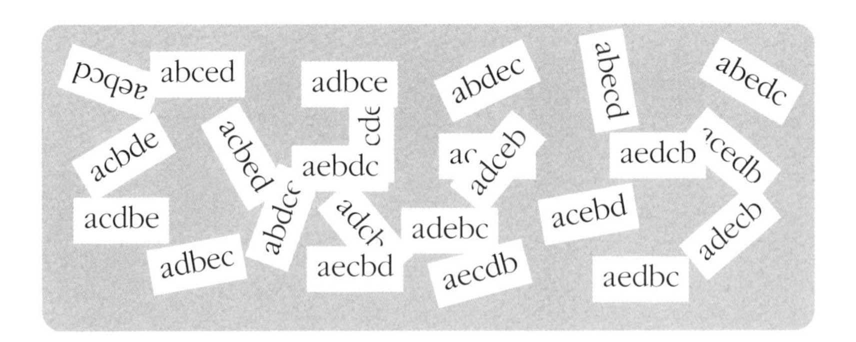

"맨 앞에 a가 오는 카드가 몇 장이지?"

"아직은 정리가 덜 되어서 세기가 힘들어. 우선 여기 모아 놓은 카드부터 순서대로 정리하자."

abcde	abced	abdce	abdec	abecd	abedc
acbde	acbed	acdbe	acdeb	acebd	acedb
adbce	adbec	adcbe	adceb	adebc	adecb
aebcd	aebdc	aecbd	aecdb	aedbc	aedcb

"모두 24장이네요."

"그럼 도대체 이게 다 몇 장이라는 거야?"

"맨 앞에 a가 있는 게 24장이니까……."

"b, c, d, e도 똑같은 개수만큼 있다면 24개씩 5쌍 있겠네."

"무슨 말이야?"

"자, 봐. a**** 맨 앞자리에 a가 오는 경우가 24가지야. 이번에는 맨 앞자리에 b가 오는 경우를 생각해 보자. 그러면 맨 앞자리만 달라지는 거니까 b가 맨 앞에 오는 경우도 24가지가 되는 거지. c, d, e의 경우도 각각 24가지씩 있을 거 아냐."

"과연 그럴까? 직접 모아보면 알겠지."

잠시 후, 아이들은 b에 대해서도 정리를 하였습니다.

bacde	baced	badce	badec	baecd	baedc
bcade	bcaed	bcdae	bcdea	bcead	bceda
bdace	bdaec	bdcae	bdcea	bdeac	bdeca
beacd	beadc	becad	becda	bedac	bedca

"헉, 정말 이것도 24개네."

"그러니까 24개가 5쌍 있으니까 이 카드는 모두 $5 \times 24 = 120$이 되겠구나."

영어 카드 [a], [b], [c], [d], [e]의 5개를 모두 사용해서 나열하면 120개 종류의 카드가 나오는 것을 알았습니다. 그렇다면 이 5개의 문자 카드를 사용하여 사전식으로 모두 나열했을 때 50번째에 있는 영어 카드는 어떤 것일까요?

사전식으로 나열해야 하니까 a가 맨 앞에 있는 카드를 먼저 정리해야겠지요? a가 맨 앞에 있는 카드를 순서대로 정리하면 24

개가 나오는 것은 앞에서 직접 해봤으니까 알 수 있을 겁니다. 이것은 아직 50보다 작으니까 이번에는 b가 맨 앞에 있는 카드까지 사전식으로 정리를 해야겠군요. 그러면 b가 맨 앞에 있는 카드를 정리했을 때도 24개가 나오니까 지금까지 정리한 것을 세어보면 24+24=48개입니다. 그렇다면 2개만 더 세면 50번째에 있는 카드가 어떤 카드인지 알 수 있겠지요? b까지 끝났으니까 c가 맨 앞에 나오는 카드를 사전식으로 정리해 봅시다.

cabde cabed cadbe cadeb ……

50번째에 있는 카드는 c가 맨 앞에 나오는 카드를 사전식으로 정리했을 때 2번째에 놓여 있는 카드이므로 cabed가 됨을 알 수 있습니다.

그럼, 100번째에 어떤 영어 카드가 있을지 여러분도 한번 찾아보세요.

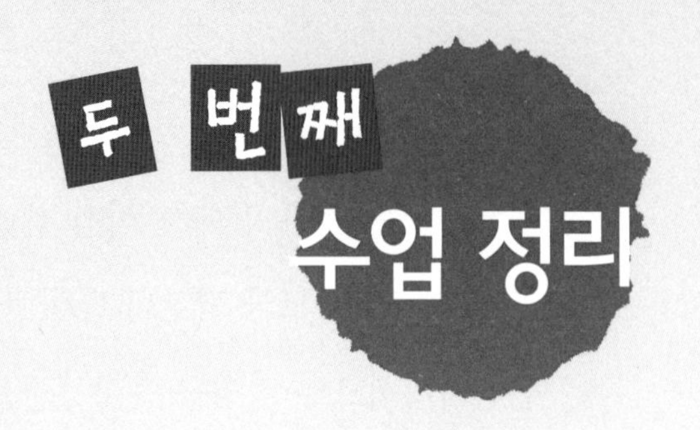

1 수 카드 [1], [3], [5]를 가지고 만들 수 있는 세 자리 정수는 다음과 같습니다.

→ 135, 153, 315, 351, 513, 531

2 사전식으로 나열하기 1 '사과, 오렌지, 참외, 바나나, 복숭아'를 사전식으로 나열할 때 3번째 놓인 과일 이름은 사과입니다.

→ {바나나, 복숭아, 사과, 오렌지, 참외}

3 사전식으로 나열하기 2 'apple, orange, melon, banana, peach' 를 사전식으로 나열할 때 4번째 놓인 과일 이름은 orange입니다.

→ { apple, banana, melon, orange, peach }

세 번째 수업

순서 없이 뽑기만 하는 경우의 수

똑같은 상황이 나오는 경우는 어떻게 해야 할까요?

순서를 고려하지 않는 경우의 수를

구하면서 생각해 봅시다.

세 번째 학습 목표

1. 순서 없이 뽑기만 하는 경우를 비교하여 그 가짓수를 세어 봅니다.
2. 제비뽑기에서 4개의 제비 중 3개의 당첨제비를 뽑는 경우의 수와 1개의 당첨이 아닌 제비를 뽑는 경우의 수가 같음을 알아 봅니다.

미리 알면 좋아요

1. 6개에서 3개를 뽑아 순서대로 나열하는 경우의 수는 다음과 같습니다.

$\Rightarrow 6 \times (6-1) \times (6-2) = 6 \times 5 \times 4 = 120$

파스칼이 세 번째 수업을 시작했다

파스칼 선생님에게 공연 초대권이 생겼습니다. 그런데 3장밖에 없어서 고민이 됩니다. 왜냐하면 아이들은 4명이었기 때문입니다. 4명의 아이들 중 한 명은 티켓을 받지 못할 테니까요.

"어쨌든 누가 티켓을 받을 건지 정해보자."

"제비뽑기를 할까?"

"그래, 그게 가장 공평하겠다."

"그럼 4개의 제비를 만들어서 3개에 ○표하자."

아이들이 서로 의견을 모았습니다.

"파스칼 선생님. 당첨 제비를 뽑는 순서에 따라 좋은 좌석에 앉을 수 있나요? 음, 예를 들면 1등으로 뽑히면 R석의 티켓을 준다던가 하는 거요."

모든 티켓은 A석입니다. 1등으로 뽑히던 3등으로 뽑히던 모두 A석 티켓으로 같습니다. 당첨 제비를 먼저 뽑든 나중에 뽑든 ○표만 뽑으면 A석 티켓을 받는 것입니다.

자, 아이들이 제비뽑기를 한 결과가 어떻게 나왔을까요?

소희, 장훈이, 보경이가 뽑혔습니다. 반대로 말하자면 진규만 탈락된 셈입니다.

○표 당첨자 : 소희, 장훈, 보경 ➡ 탈락자는 진규

만약에 소희가 ○표를 뽑지 못했다면, ○표 당첨자는 장훈이, 보경이, 진규가 되고, 탈락자는 소희가 되었겠군요.

○표 당첨자 : 장훈, 보경, 진규 ➡ 탈락자는 소희

마찬가지로 장훈이가 ○표를 뽑지 못했으면 소희와 보경이, 진규가 티켓을 받았겠지요.

○표 당첨자 : 소희, 보경, 진규 ➡ 탈락자는 장훈

보경이도 예외는 아니죠. 보경이가 ○표를 뽑지 못했다면 소희, 장훈이, 진규가 뽑혔겠지요.

○표 당첨자 : 소희, 장훈, 진규 ➡ 탈락자는 보경

생각해 보니 4개의 제비 중에서 3개의 제비에 ○표를 하지 않고 한 개의 제비에 ×표를 하는 것이 훨씬 편할 것 같네요. 4명 중 티켓을 받을 수 있는 3명을 뽑는 경우나 4명 중 티켓을 받을 수 없는 한 명을 뽑는 경우나 어차피 결과는 같으니까 말입니다.

"애들아, 그래도 누구는 가고 누구는 안 가고 하면 안되니까 우리 4명이 골고루 한 명의 공연 티켓 값을 나눠서 내는 게 어때? 그러면 모두 함께 공평하게 공연을 보러 갈 수 있잖아."

보경이가 어른스럽게 말했습니다. 아이들은 파스칼이 준 3장의 티켓을 가지고 재밌는 공연을 4명 모두 함께 보러 가기로 했습니

다. 4명이 사이좋게 공연을 보러 가기로 결정한 후, 파스칼과 아이들은 오랜만에 과일을 사러 마트에 갔습니다.

과일 코너에 모두 5종류의 과일이 있습니다. 이 중에서 서로 다른 3종류의 과일을 담아봅시다. 담을 수 있는 방법이 몇 가지일까요?

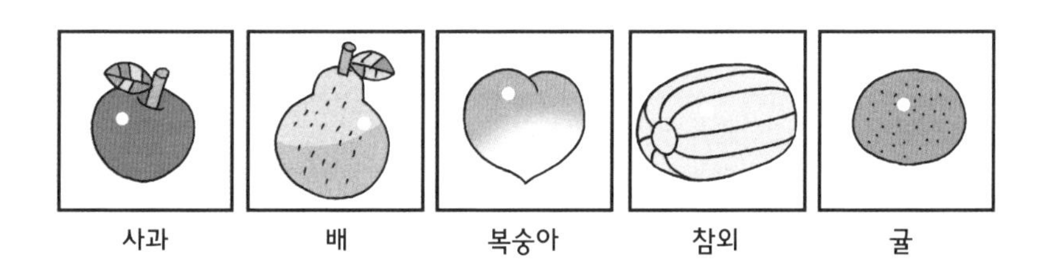

잠시 후, 진규와 소희가 가장 먼저 과일을 봉투에 담아들고 왔습니다.

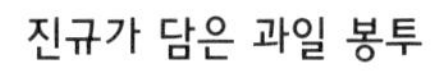
진규가 담은 과일 봉투

소희가 담은 과일 봉투

사과가 아주 맛있군요.
5종류의 과일 중에서
3개의 과일을 골라 담으세요.
내가 과일을 사죠.
야호
5종류의 과일 중에서
3개의 과일을 고르는
경우는 몇 가지가
있을까요?
글쎄요??
저는 알아요.
5×4×3으로
모두 60가지
에요. 맞죠?
아
그렇지.
두 학생이
담은 과일을
볼까요?
진규 학생은
사과, 배, 복숭아
순서로 봉투에
담았군요.
어떻게
아셨지?
저는 배, 복숭아,
사과 순으로
담았어요.
순서는
달라도 담은
과일은 같네요.
이런 경우를 서로 다른
경우로 취급해야 할까요?
글쎄요….

진규는 사과를 제일 먼저 골라서 담고 그 다음에 배랑 복숭아 순서로 담았습니다. 소희는 제일 먼저 배를 골라 담고 그 다음에 복숭아를 담고, 마지막에 사과를 골라서 담았습니다.

서로 다른 5종류의 과일 중에서 3개의 과일을 담는 경우의 수를 셀 때, 진규와 소희가 봉투에 담은 과일은 서로 다른 경우로 취급해야 할까요?

물론 아닙니다. 진규와 소희가 과일을 고르는 순서는 달랐지만 사과와 배, 복숭아라는 똑같은 3가지 종류의 과일을 산 것에는 변함이 없습니다. 어차피 장바구니에 담으면 과일을 고른 순서는 상관이 없겠지요.

자, 그럼 서로 다른 5종류의 과일 중에서 3개의 과일을 고르는 경우는 몇 가지가 될지 생각해 봅시다. 만약에 서로 다른 의자에 앉는 경우의 수를 찾았던 것처럼 서로 다른 5종류의 과일 중에서 3개를 골라 아래의 바구니에 넣는 경우를 살펴 봅시다.

5가지	4가지	3가지
첫 번째 바구니	**두 번째 바구니**	**세 번째 바구니**

그러면 1번째 바구니에 들어갈 수 있는 과일의 종류는 5가지, 2번째 바구니에 들어갈 과일의 종류는 4, 마지막 3번째 바구니에 들어갈 경우의 수는 3이므로 $5\times4\times3=60$이 됩니다. 이 중에는 {사과, 배, 복숭아}나 {배, 복숭아, 사과}처럼 같은 경우가 있습니다. 따라서 같은 경우는 찾아서 한 가지로 세어야 합니다. 5종류의 과일 중에서 순서를 생각해서 서로 다른 3개의 과일을 뽑는 경우의 수가 60이므로 서로 다른 과일을 3개씩 담은 봉투가 60개가 있다고 생각해 봅시다. 이 60개의 봉투에서 같은 경우를 분류해 봅시다.

먼저 서로 다른 3개의 과일 중 {사과, 배, 복숭아}를 먼저 생각해 봅시다. 순서를 생각했을 때는 다음과 같습니다.

사과-배-복숭아

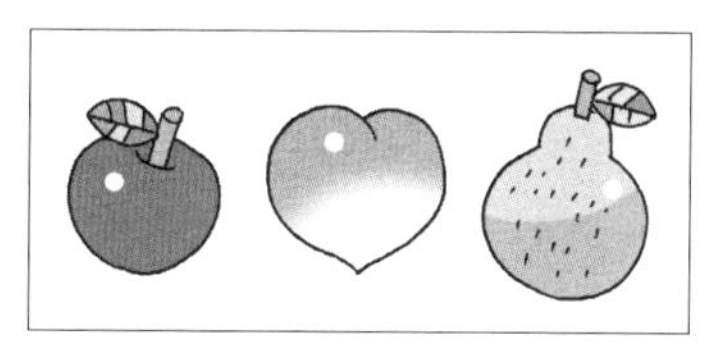

사과-복숭아-배

배-복숭아-사과

배-사과-복숭아

복숭아-사과-배

복숭아-배-사과

순서는 모두 다르지만 6개의 봉투에는 모두 같은 3종류의 과일이 담겨 있는 것을 알 수 있습니다. 따라서 서로 다른 3개의 과일을 담은 과일 봉투 중 6개씩이 모두 같은 경우라고 할 수 있습니다.

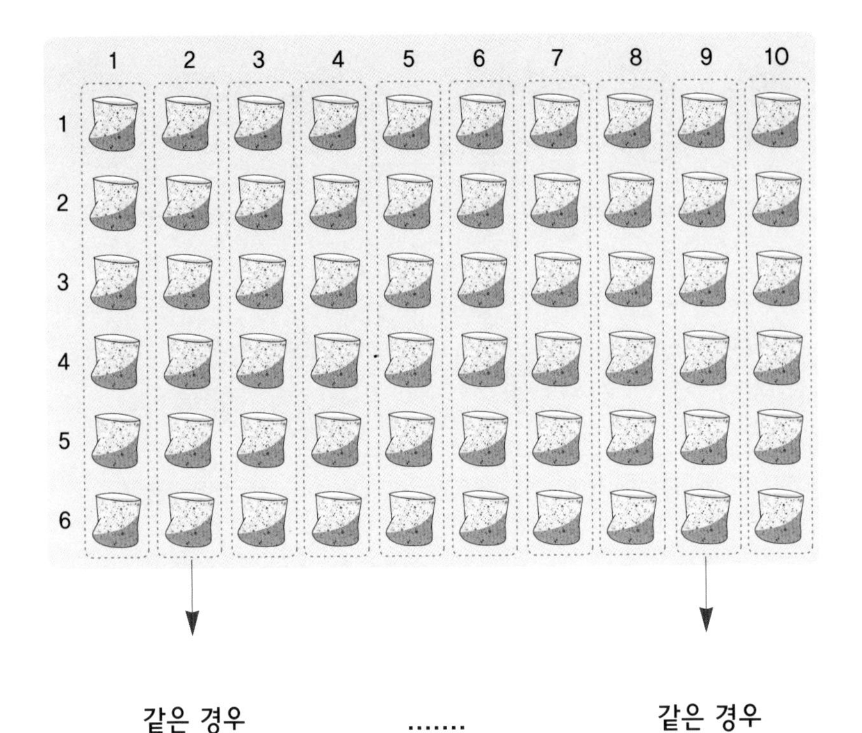

따라서 60가지 중에서 6개씩은 같은 과일이 담겨 있으므로 서로 다른 5개의 과일 중에 순서를 생각하지 않고 3개를 선택하는 경우의 수는 $\frac{60}{6}$=10이 되는 것을 알 수 있습니다.

1

제비뽑기를 하는 경우는 뽑는 순서에 상관없이 당첨 제비를 뽑았느냐 뽑지 않았느냐를 구별하는 것이기 때문에 당첨 제비를 뽑는 경우의 수나 당첨이 아닌 제비를 뽑는 경우의 수는 서로 같습니다.

예) 3개의 제비에서 2개의 당첨 제비가 있다면, 3개에서 2개의 당첨 제비를 뽑는 경우의 수와 당첨이 아닌 제비 한 개를 뽑는 경우의 수는 서로 같습니다.

2

순서를 고려하지 않고 뽑기만 하는 경우의 수를 헤아릴 때는 순서대로 나열한 경우의 수에서 똑같은 경우는 한 가지로 생각해야 합니다.

예) 서로 다른 색깔의 구슬 6개에서 3개를 뽑는 경우의 수는 뽑은 3개를 일렬로 나열했을 때의 경우의 수 $6\times5\times4=120$에서, 3개를 일렬로 나열했을 때 경우의 수 $3\times2\times1=6$은 한 가지 경우로 생각하므로, 다음과 같습니다.

$$\frac{6\times5\times4}{3\times2\times1}=\frac{120}{6}=20$$

따라서 서로 다른 색깔의 구슬 6개에서 3개를 뽑는 경우의 수는 20입니다.

네 번째 수업

4

대표 뽑기

경우의 수를 구하는 방법을

학급 임원 선거에 응용해 봅시다.

네 번째 학습 목표

1. 대표를 뽑을 때 순서를 고려해야 하는지 고려하지 않는지를 판단하여 그 경우의 수를 세어 봅니다.

미리 알면 좋아요

1. **수형도**나뭇가지 그림

2. **합의 법칙** 사건 A 또는 B가 일어날 경우의 수

   곱의 법칙 사건 A와 B가 동시에 일어날 경우의 수

파스칼이 네 번째 수업을 시작했다

오늘은 학교에서 학급 임원 선거를 하는 날입니다. 아이들은 파스칼 집에 들어오면서 계속 선거에 대한 이야기만 하는군요.

"파스칼 선생님, 우리 반 임원은 철수와 영희가 됐어요."

"철수가 회장이고 영희가 부회장이야?"

뒤따라오던 보경이가 물었습니다.

"아니. 그 반대."

"영희가 회장이고 철수가 부회장이라고?"

"작년에는 철수가 회장이고 영희가 부회장이었는데 올해는 영희가 회장이고 철수가 부회장이 됐네."

"뭐야, 걔네들이 번갈아 가며 다 하고 있잖아."

"파스칼 선생님, 회장과 부회장은 서로 다르니까 경우의 수를 따질 때 순서를 생각해야겠네요."

소희가 말했습니다.

네, 맞습니다. 그냥 반 대표 2명을 뽑을 때는 (A, B)를 뽑으나 (B, A)를 뽑으나 같은 경우지만 회장과 부회장을 뽑을 때는 (회장, 부회장)이라고 하면 (A, B)와 (B, A)가 각각 다른 경우라고 할 수 있습니다.

자, 만약에 여기 있는 4명 중에서 대표 2명을 뽑는다면 몇 가지의 경우가 나올 수 있을까요?

회장과 부회장을 구별하지 않고 단지 대표 2명만 뽑는다면 {소희, 진규}, {소희, 장훈}, {소희, 보경}, {진규, 장훈}, {진규, 보경}, {장훈, 보경} 등 모두 6가지 경우가 나올 수 있습니다.

소희 진규	소희 장훈	소희 보경	진규 장훈	진규 보경	장훈 보경

그런데 회장과 부회장을 한 명씩 뽑는다면 경우의 수가 어떻게 될까요?

여러 가지 방법을 생각해 볼 수 있겠지만 우선은 단지 대표 2명만 뽑는 경우를 생각해 봅시다. 6개의 상황마다 각각 회장과 부회장이 될 경우는 2가지가 있습니다. 예를 들면 소희와 진규가 대표로 뽑혔을 때 소희가 회장이고 진규가 부회장인 경우, 아니면 진규가 회장이고 소희가 부회장인 경우가 나올 수 있습니다. 따라서 6개의 상황마다 2가지씩 다른 경우가 나올 수 있으므로 4명의 학생 중에서 회장과 부회장인 대표 2명을 뽑는 경우의 수는 $6 \times 2=12$가 됩니다.

선생님 우리 4명 중에서 임원 두 명을 뽑기로 했어요.
임원을 선출하기 전, 4명 중 2명의 임원을 선출하는 경우의 수는 얼마일까요?
{소희, 진규}, {소희, 장훈}, {소희, 보경}, {진규, 장훈}, {진규, 보경}, {장훈, 보경}
모두 6가지에요.
이렇게 똑똑한 제가 임원이 되어야겠죠?
회장을 할래요? 부회장을 할래요? 임원을 회장과 부회장으로 구분하면 경우의 수는 또 달라지겠죠?
흐흐흐
6×2로 12가지에요. 회장은 내가 당첨
ㅎㅎ

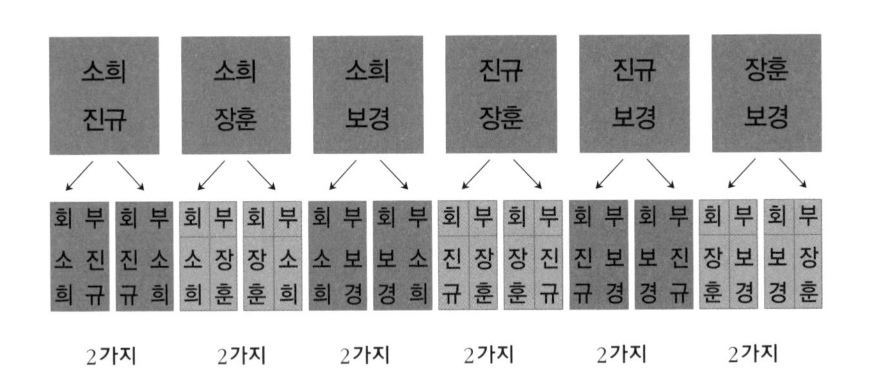

소희 진규
소희 장훈
소희 보경
진규 장훈
진규 보경
장훈 보경
회 부 소희 진규
회 부 진규 소희
회 부 소희 장훈
회 부 장훈 소희
회 부 소희 보경
회 부 보경 소희
회 부 진규 장훈
회 부 장훈 진규
회 부 진규 보경
회 부 보경 진규
회 부 장훈 보경
회 부 보경 장훈
2가지
2가지
2가지
2가지
2가지
2가지

또 다른 방법으로 순서쌍을 이용한 경우의 수를 생각해 봅시다. 우선 (회장, 부회장)으로 순서를 정하면 다음과 같이 모두 12가지가 나올 수 있습니다.

(소희, 진규) (소희, 보경) (소희, 장훈)

(진규, 소희) (진규, 보경) (진규, 장훈)

(보경, 소희) (보경, 진규) (보경, 장훈)

(장훈, 소희) (장훈, 진규) (장훈, 보경)

이번에는 수형도나뭇가지 그림를 이용해서 생각해 봅시다. 수형도는 나뭇가지 모양과 비슷하게 생겨서 붙여진 이름입니다. 수형도는 경우의 수를 헤아리는 데 있어서 보다 편리하고 빠뜨림 없이 셀 수가 있기 때문에 조금 복잡한 경우의 수를 구할 때 사용하면 좋습니다.

↗ 진규
소희 → 보경
↘ 장훈

↗ 소희
진규 → 보경
↘ 장훈

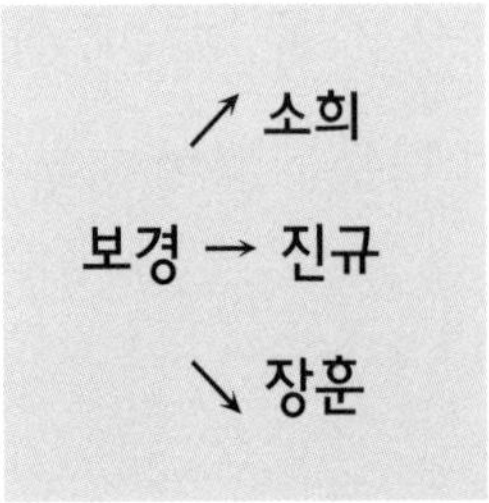

	↗	소희
보경	→	진규
	↘	장훈

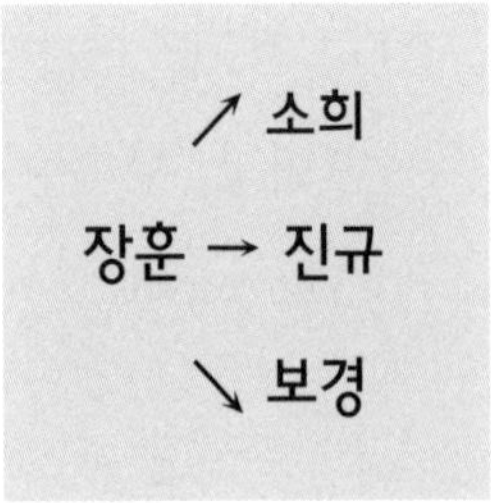

	↗	소희
장훈	→	진규
	↘	보경

수형도로 생각해 보아도 역시 $3 \times 4 = 12$가 나오는 것을 알 수 있습니다.

순서쌍으로 구하던 수형도로 구하던 아니면 또 다른 방법을 사용하더라도 경우의 수는 모두 12로 같습니다. 어떤 방법이든지 필요에 따라서 선택하여 사용하면 되겠지요!

자, 이렇게 말로만 할 게 아니라 우리도 직접 투표를 해서 대표를 뽑아봅시다.

누가 대표로 뽑혔을까요?

1

4명 중 2명의 대표를 뽑는 경우의 수

순서쌍 : (A, B), (A, C), (A, D), (B, C), (B, D), (C, D)

➔6가지

수형도 :

```
   ↗ B          ↗ C    C → D
              B
A → C           ↘ D
   ↘ D
```

➔6가지

2

4명 중 회장 1명과 부회장 1명을 뽑을 경우

순서쌍 : (A, B), (A, C), (A, D), (B, A), (B, C), (B, D)
(C, A), (C, B), (C, D), (D, A), (D, B), (D, C)

➔12가지

수형도 :

```
   ↗ B       ↗ A       ↗ A       ↗ A
A → C     B → C     C → B     D → B
   ↘ D       ↘ D       ↘ D       ↘ C
```

➔12가지

다섯 번째 수업

친한 친구끼리 나란히 줄서기

친한 친구끼리 나란히 줄을 서고 싶을 때나

이어달리기 시합에서 주자들을 나란히 뛰게 하고 싶을 때

우리가 배운 경우의 수를 적용해 봅시다.

다섯 번째 학습 목표

1 순서대로 나열할 때 특정한 것을 나란하게 나열하는 경우의 수를 구해 봅니다.

미리 알면 좋아요

1 n개를 순서대로 나열할 경우의 수

$n \times (n-1) \times \cdots \times 2 \times 1$

파스칼이 다섯 번째 수업을 시작했다

파스칼이 아이들 4명을 데리고 공원에 가기 위해 밖으로 나왔습니다. 마침 소희의 친한 친구인 미나랑 은진이가 지나가고 있기에 같이 공원에 가기로 했습니다. 그런데 공원 가는 길이 공사 중이어서 한 사람씩만 지나갈 수 있을 만큼 좁아져 있었습니다.

소희와 미나, 은진이가 나란히 함께 가는 경우의 수는 몇가지일까요? 나는 맨 앞에 서서 가기로 하고 나머지 6명의 아이들은 한 줄로 따라가는 방법을 생각해 봅시다. 그중에서도 소희, 미나, 은진이가 떨어져서 가지 않고 나란히 한 줄로 서서 간다고 하면 경우의 수는 얼마나 될까요?

우선 여자 어린이 3명을 한 명이라고 생각합니다.

즉 를 하나로 묶어서 라고 생각합시다.

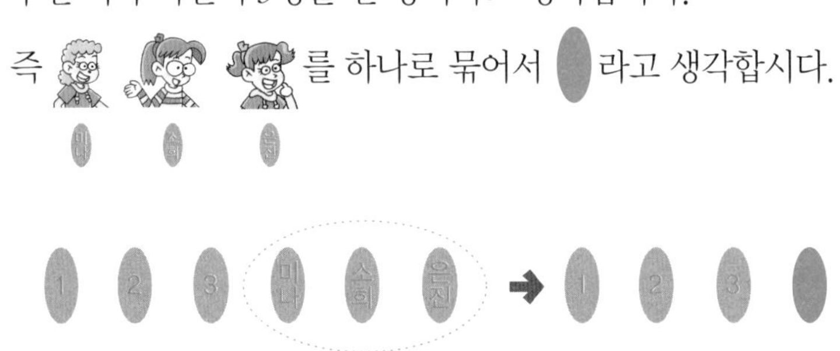

그러면 모두 4명이라고 생각할 수 있겠죠? 그럼 이 4명을 한 줄로 세운다고 생각해 봅시다.

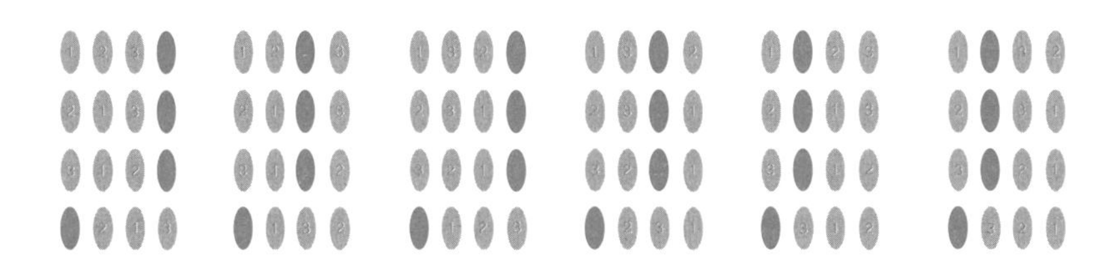

모두 24가지입니다. 이것은 숫자 카드로 네 자리 정수를 만드

는 것과 같습니다.

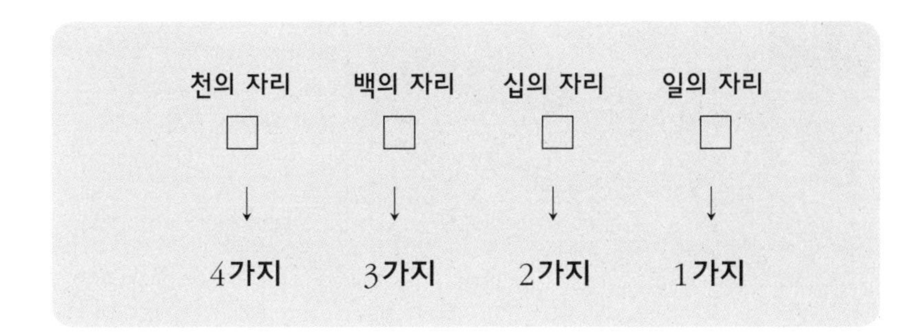

역시 똑같이 경우의 수는 $4\times3\times2\times1=24$입니다. 이것이 끝이 아니겠죠? 다음은 하나로 묶어서 생각했던 소희, 미나, 은진이가 자리를 바꾸는 경우를 따져봐야 합니다.

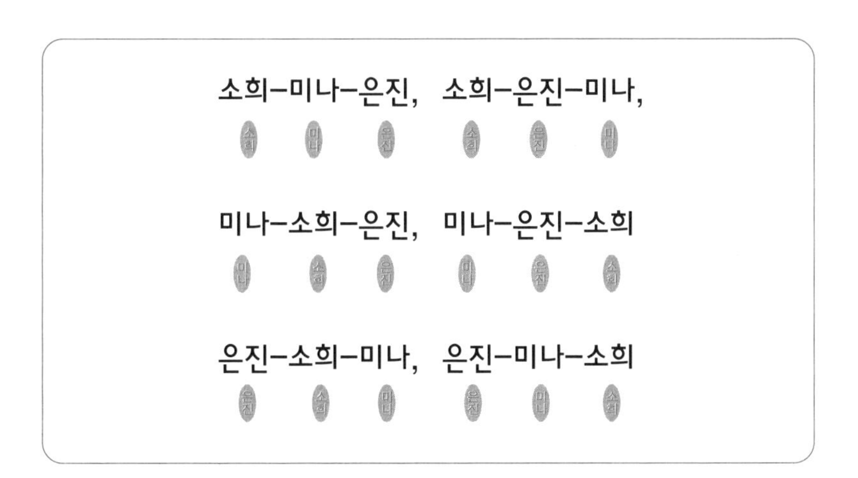

모두 6가지 경우가 있는 것을 알 수 있습니다.

와아
놀이 공원에 간다.
미나야! 은진아! 너희도 우리랑 같이 놀이 공원에 가자!
소희야!
공사 중이라 길이 좁아서 한 사람씩 지나갈 수밖에 없군요.
공사중
우리 셋은 헤어질 수 없어요.
소희와 미나, 은진이가 떨어지지 않고 한 사람씩 이 좁은 길을 지나는 경우의 수는 모두 얼마일까요? 문제를 맞히는 학생에겐 자유 이용권을 주겠어요.
우리 셋은 떨어질 수 없으니 한 명으로 봐야해요.
우리는 하나야!!
6명 중에서 세 명을 하나로 봤으니까 결국엔 전체 수를 4로 볼 수 있지요. 그러니까 경우의 수는 4×3×2×1=24입니다.
자유 이용권 주세요.
그걸로 끝이 아냐. 너희 셋이 자리를 바꾸는 경우도 생각해야 하잖아. 너희 셋이 자리를 바꾸는 경우의 수는 3×2×1=6이지. 그러니까 답은 24×6=144야.
자유 이용권은 진규 학생의 차지군요.

이것도 역시 앞에서 했던 것처럼 세어봅시다.

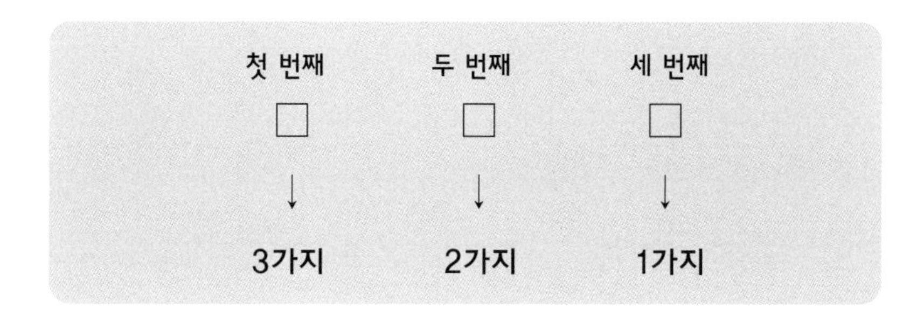

역시 똑같이 경우의 수는 $3 \times 2 \times 1 = 6$입니다. 따라서 아이들 6명이 한 줄로 줄을 설 때, 소희와 미나, 은진이 3명을 이웃해서 나란히 세울 경우의 수는 $24 \times 6 = 144$입니다.

자, 줄을 서는 경우의 수도 알았으니 줄을 맞추어 안전하게 출발합시다!

공원에 도착한 파스칼과 아이들은 이어달리기를 하기로 했습니다. 소희와 미나, 은진이는 앉아서 구경을 하기로 하고 파스칼과 지혜, 지수, 동건이는 달리기를 하기로 했습니다.

누가 먼저 달릴 것인지 순서를 정해 봅시다. 이때 지혜와 지수를 나란히 뛸 수 있도록 한다면 경우의 수가 얼마일까요?

우선 4명이 달리기를 할 경우의 수부터 생각해 봅시다.

먼저 내가 뛰는 경우가 있겠죠?

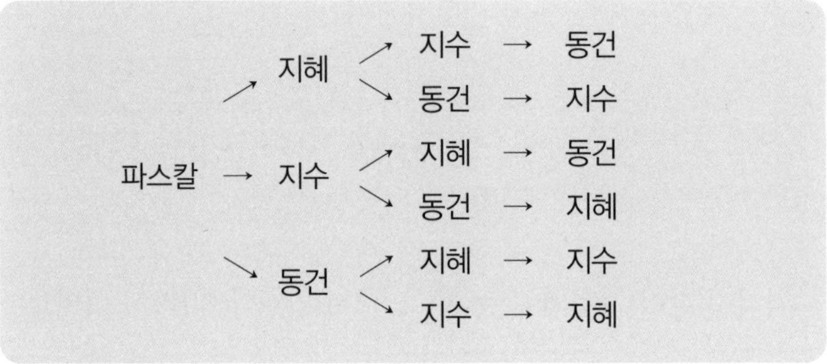

파스칼 → 지혜 ↗ 지수 → 동건
파스칼 → 지혜 ↘ 동건 → 지수
파스칼 → 지수 ↗ 지혜 → 동건
파스칼 → 지수 ↘ 동건 → 지혜
파스칼 → 동건 ↗ 지혜 → 지수
파스칼 → 동건 ↘ 지수 → 지혜

아니면 지혜가 먼저 뛸 수 있겠네요.

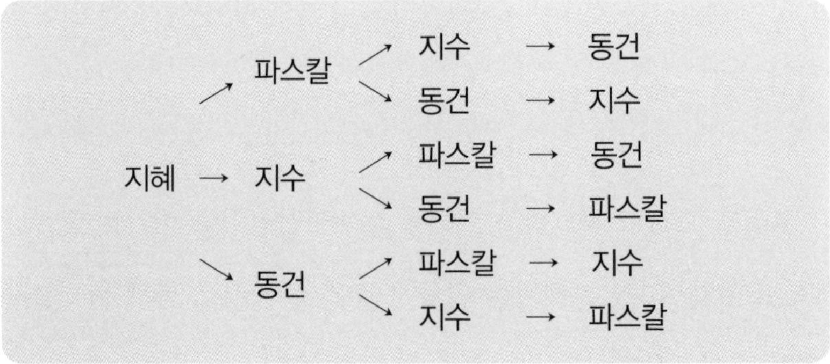

지혜 → 파스칼 ↗ 지수 → 동건
지혜 → 파스칼 ↘ 동건 → 지수
지혜 → 지수 ↗ 파스칼 → 동건
지혜 → 지수 ↘ 동건 → 파스칼
지혜 → 동건 ↗ 파스칼 → 지수
지혜 → 동건 ↘ 지수 → 파스칼

지수가 먼저 뛸 수도 있습니다.

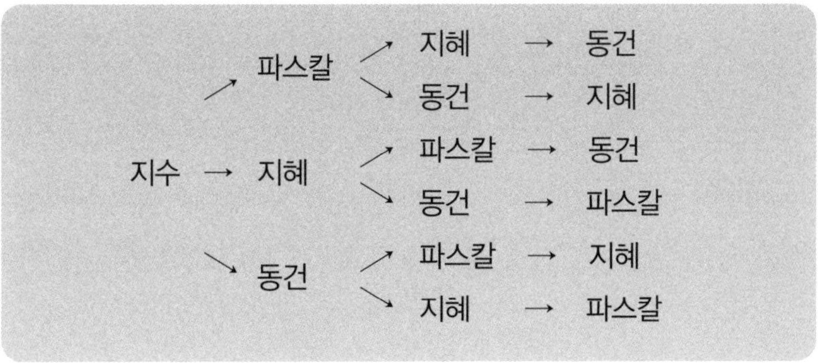

지수	↗ 파스칼	↗ 지혜	→ 동건
		↘ 동건	→ 지혜
	→ 지혜	↗ 파스칼	→ 동건
		↘ 동건	→ 파스칼
	↘ 동건	↗ 파스칼	→ 지혜
		↘ 지혜	→ 파스칼

가장 빠른 동건이가 먼저 뛸 수도 있어요.

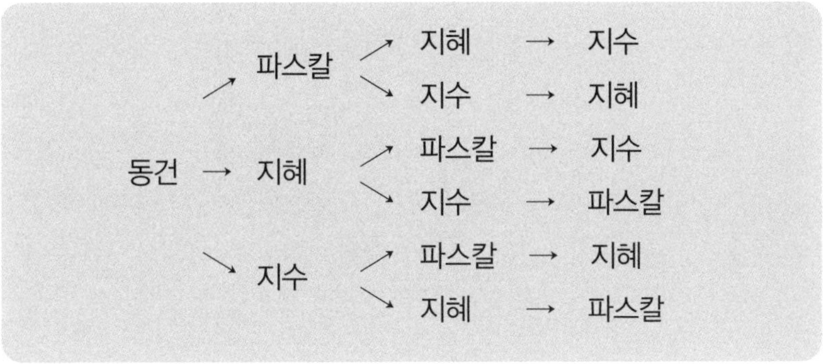

동건	↗ 파스칼	↗ 지혜	→ 지수
		↘ 지수	→ 지혜
	→ 지혜	↗ 파스칼	→ 지수
		↘ 지수	→ 파스칼
	↘ 지수	↗ 파스칼	→ 지혜
		↘ 지혜	→ 파스칼

이것을 쉽게 정리해 보면 4명이 이어달리기를 하는 경우의 수는 다음과 같습니다.

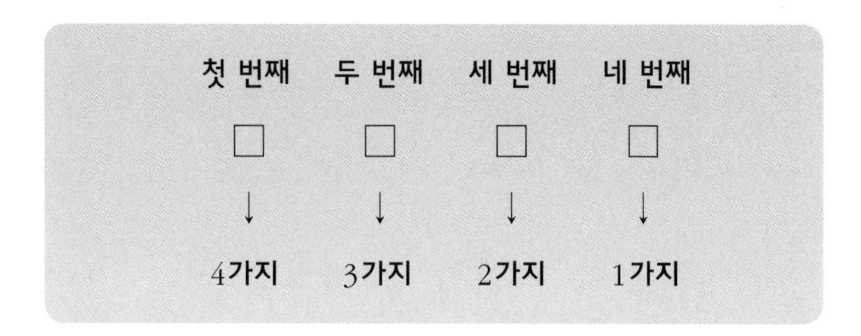

$\Rightarrow 4 \times 3 \times 2 \times 1 = 24$

모두 24가 되는군요. 이 중에서 지수와 지혜가 나란히 뛰는 경우를 세어 봅시다.

파스칼 ↗ 지혜 ↗ 지수 → 동건
파스칼 ↗ 지혜 ↘ 동건 → 지수
파스칼 → 지수 ↗ 지혜 → 동건
파스칼 → 지수 ↘ 동건 → 지혜
파스칼 ↘ 동건 ↗ 지혜 → 지수
파스칼 ↘ 동건 ↘ 지수 → 지혜

지혜 ↗ 파스칼 ↗ 지수 → 동건
지혜 ↗ 파스칼 ↘ 동건 → 지수
지혜 → 지수 ↗ 파스칼 → 동건
지혜 → 지수 ↘ 동건 → 파스칼
지혜 ↘ 동건 ↗ 파스칼 → 지수
지혜 ↘ 동건 ↘ 지수 → 파스칼

지수 ↗ 파스칼 ↗ 지혜 → 동건
지수 ↗ 파스칼 ↘ 동건 → 지혜
지수 → 지혜 ↗ 파스칼 → 동건
지수 → 지혜 ↘ 동건 → 파스칼
지수 ↘ 동건 ↗ 파스칼 → 지혜
지수 ↘ 동건 ↘ 지혜 → 파스칼

동건 ↗ 파스칼 ↗ 지혜 → 지수
동건 ↗ 파스칼 ↘ 지수 → 지혜
동건 → 지혜 ↗ 파스칼 → 지수
동건 → 지혜 ↘ 지수 → 파스칼
동건 ↘ 지수 ↗ 파스칼 → 지혜
동건 ↘ 지수 ↘ 지혜 → 파스칼

다시 정리하면 모두 12가지 입니다.

파스칼–지혜–지수–동건, 파스칼–지수–지혜–동건,

파스칼–동건–지혜–지수, 파스칼–동건–지수–지혜,

지혜–지수–파스칼–동건, 지혜–지수–동건–파스칼,

지수–지혜–파스칼–동건, 지수–지혜–동건–파스칼,

동건–파스칼–지혜–지수, 동건–파스칼–지수–지혜,

동건–지혜–지수–파스칼, 동건–지수–지혜–파스칼

이렇게 전체 경우를 다 살펴본 후 지혜와 지수가 나란히 뛰는 경우를 세면 시간이 많이 걸리겠죠? 그래서 한 줄로 나란히 서서 올 때처럼 한 묶음으로 생각해 봅시다. 파스칼, 지혜, 지수, 동건 4명이 이어 달리기를 할 때 지혜와 지수가 나란히 뛰도록 하려면 우선 지혜와 지수를 같이 묶어서 한 사람 ● 으로 생각합니다.

파스칼–●–동건, 파스칼–동건–●, ●–파스칼–동건,

●–동건–파스칼, 동건–●–파스칼, 동건–파스칼–●

그러면 파스칼, ●, 동건이 순서대로 뛸 경우의 수는 $3\times2\times1=6$

입니다. 이때 ●는 지혜-지수일 때가 있고, 지수-지혜일 때가 있으므로 지혜와 지수가 나란히 뛸 경우의 수는 $6 \times 2=12$입니다.

파스칼과 아이들은 신나게 달리기를 하고 집에 돌아오는 길에 아이스크림 가게에 들렀습니다. 메뉴판을 보니 여러 종류의 아이스크림이 있습니다.

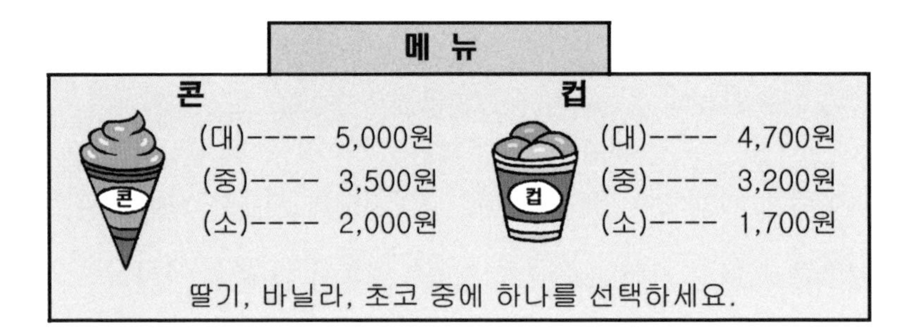

"헉……. 다 먹고 싶다."

"먼저 종류별로 정해보자."

"딸기로 할까? 초코로 할까?"

"딸기!"

"나는 초코!"

"콘으로 할까, 컵으로 할까?"

"나는 콘으로"

"나는 컵이 좋아."

"하나씩 주문을 해보자."

"저는 딸기를 콘에 주세요. 아, 작은 걸로요."

지수가 말했습니다.

"저는 컵에 주세요. 큰 컵이요. 바닐라가 좋아요."

동건이가 말했어요.

"저는 중간 크기의 콘에 주세요. 초코로 주세요."

지혜가 말했습니다.

아이들이 순서 없이 이것저것을 주문하니까 정신이 없습니다. 아이스크림을 선택할 수 있는 경우의 수는 몇 가지나 될까요?

먼저, 콘으로 할 것인지 컵으로 할 것인지를 고르는 경우의 수는 2입니다.

콘 또는 컵을 선택했으면 그 다음으로 크기별로 대, 중, 소 중에서 하나를 결정하는 경우의 수는 3입니다.

마지막으로 딸기를 할 것인지, 바닐라로 할 것인지, 아니면 초코로 할 것인지를 선택하는 경우의 수가 3입니다.

대
딸기
초코
바닐라
콘
컵
중
소

난 딸기 아이스크림 콘 먹을래.
쵸코 컵 대를 먹을 거야.
저는 바닐라 콘 중으로 주세요.
하나로 통일해. 누나가 정신이 하나도 없겠다.
괜찮아.
아이스크림을 고를 수 있는 경우의 수는 2×3×3 = 18란 걸 잘 알고 있으니까.
대
딸기
초코
바닐라
중
소
콘
컵

따라서 아이스크림을 고를 수 있는 경우의 수는 $2\times3\times3=18$입니다. 몇 가지밖에 안 될 것 같은데 아이스크림을 고르는 경우가 18가지나 되는군요.

이것을 한 눈에 볼 수 있도록 수형도로 나타내 봅시다.

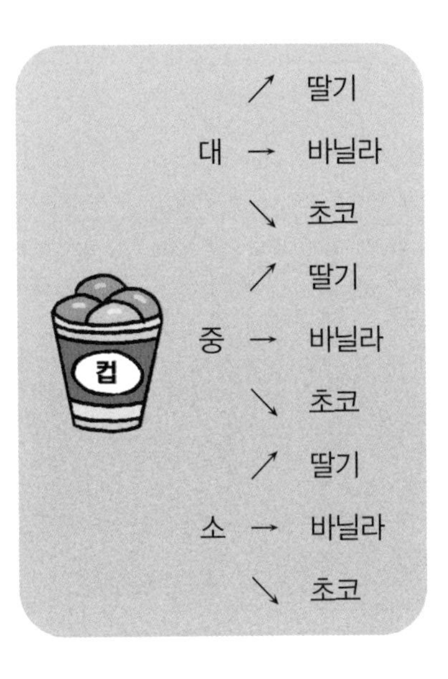

콘으로 먹는 경우의 수가 9, 컵으로 먹는 경우의 수가 9이므로 역시 $9+9=18$이 됩니다. 우리는 무의식적으로 아이스크림을 먹을 때도 경우의 수를 따져보고 있었겠지요?

자, 아이스크림을 먹기 위해 줄을 서서 아이스크림을 받는 순서를 생각해봅시다.

아이스크림을 먹을 사람은 나파스칼, 소희, 동건, 지혜, 지수 모두 5명입니다. 이번에는 나와 동건이가 나란히 줄을 서서 받는다면 모두 몇 가지의 방법이 있을까요? 마찬가지로 나와 동건이를 하나로 생각해 봅시다. 그러면 모두 4명이 줄을 선다고 볼 수 있겠죠?

4명이 한 줄로 설 경우의 수는 $4 \times 3 \times 2 \times 1 = 24$입니다. 그리고 파스칼–동건, 동건–파스칼의 순서로 줄을 설 수 있으므로 5명이 아이스크림을 사기 위해 한 줄로 설 때, 나파스칼와 동건이가 나란히 줄을 서는 경우의 수는 $24 \times 2 = 48$입니다.

다섯 번째 수업 정리

1 **수 카드 1, 3, 5, 7을 모두 사용해서 4자리 자연수를 만들 때, 수 카드 1과 5를 이웃해서 놓는 경우의 수**

수 카드 1과 5를 한 묶음으로 생각합니다.

그러면 카드 3장을 일렬로 나열하는 경우와 같으므로 경우의 수는 $3 \times 2 \times 1=6$입니다. 이 중에서 1과 5의 순서대로 올 수도 있고 5와 1의 순서대로 올 수도 있으므로 전체 경우의 수는 $6 \times 2=12$입니다.

2 **소희, 진규, 보경이가 나란히 한 줄로 서는 경우의 수** 첫 번째 자리에는 3명 중 누구나 설 수 있으므로 경우의 수는 3, 두 번째 자리에는 첫 번째 자리에 선 사람을 제외한 나머지 2명 중 한 명이 설 수 있으므로 경우의 수는 2, 세 번째 자리에는 앞의 두 사람을 제외한 남은 한 명이 서게 되므로 경우의 수는 1. 따라서 3명이 한 줄로 서는 모든 경우의 수는 $3 \times 2 \times 1=6$입니다.

첫째	둘째	셋째
소희	진규	보경
	보경	진규
진규	소희	보경
	보경	소희
보경	소희	진규
	진규	소희

여섯 번째 수업

6

빠른 길로 가는 경우의 수

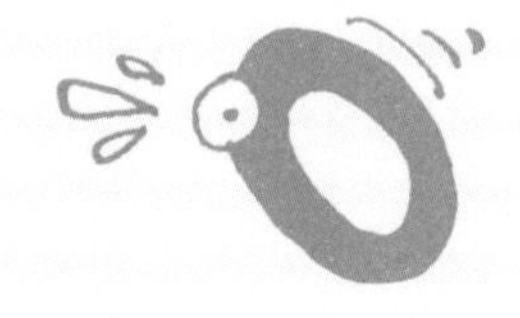

파스칼의 삼각형을 이용해 지름길로 가는

경우의 수를 구해봅시다.

여섯 번째 학습 목표

1 왔던 길을 다시 가거나 돌아가지 않고 가장 빠른 길로 갈 수 있는 경우의 수를 구해 봅니다.

미리 알면 좋아요

1 **합의 법칙** 사건 A 또는 B가 일어날 경우의 수

곱의 법칙 사건 A와 B가 동시에 일어날 경우의 수

파스칼이 여섯 번째 수업을 시작했다

파스칼이 3개의 방을 새롭게 꾸몄습니다. 거실에 모인 아이들이 빨리 방 구경을 하고 싶어 하는군요. 아이들이 3개의 방 A, B, C를 구경하는 경우의 수를 구해봅시다.

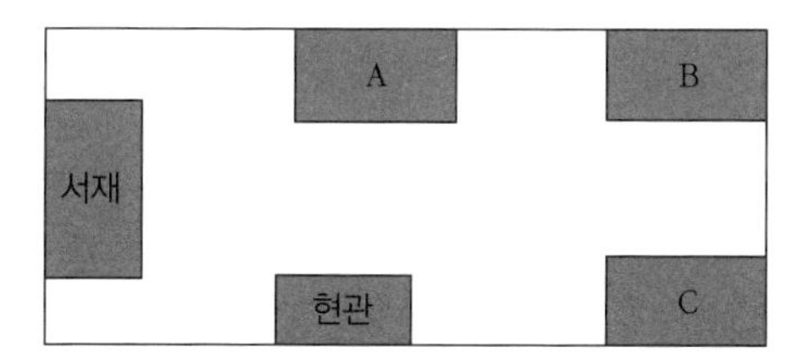

먼저 서재에서 방 A로 갈 수 있습니다. 그리고 방 B를 갔다가 방 C로 가는 방법이 있습니다. 아니면 방 A를 간 후에 방 C를 가고 마지막에 방 B에 갈 수 도 있습니다.

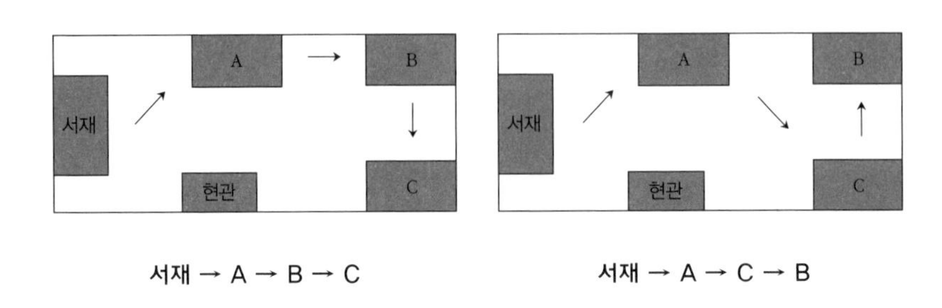

아니면 서재에서 먼저 방 B로 갔다가 방 A, 방 C의 순서로 가는 경우도 있습니다. 물론 방 B에서 방 C로 갔다가 A로 갈 수 도 있습니다.

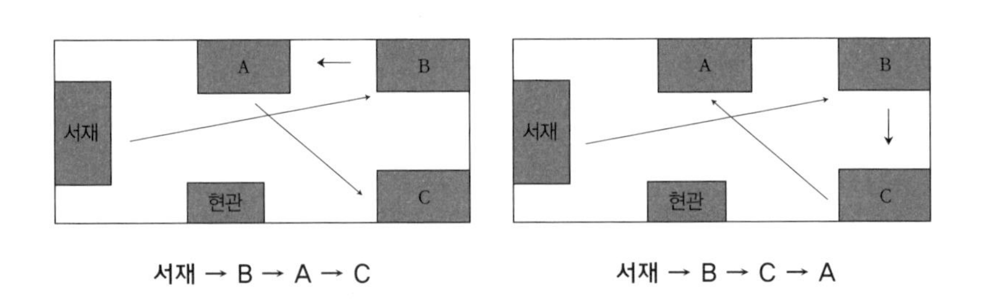

또 다른 방법으로 서재에서 방 C를 제일 먼저 가는 경우가 있

습니다. 그러고 나서 방 A를 구경하고 방 B로 갈 수 있습니다. 그렇지 않으면 맨 처음 방 C를 간 후에 방 B로 갔다가 방 A로 갈 수도 있습니다.

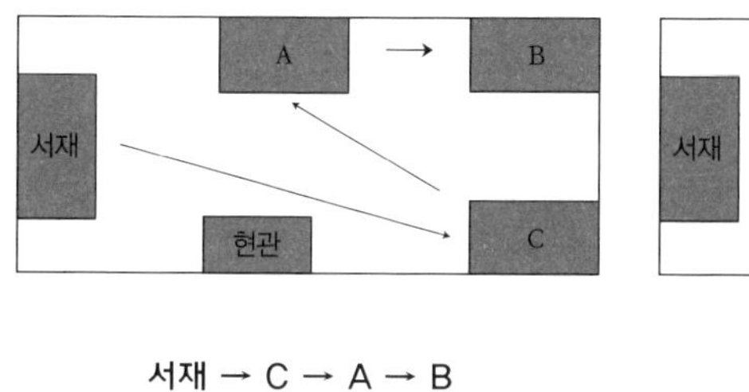

서재 → C → A → B

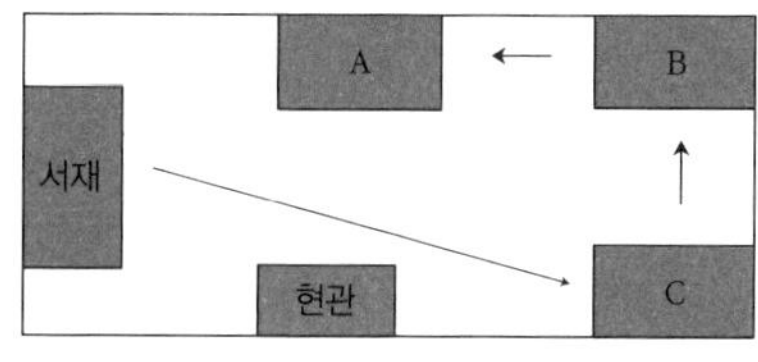

서재 → C → B → A

처음에 구경할 방을 선택하는 경우의 수는 방 A, B, C의 3가지입니다. 그리고 어느 한 방을 선택한 후에 나머지 2개의 방을 선택할 경우의 수가 2가지씩 있습니다.

이것을 수형도로 그려보면 다음과 같습니다.

서재 → A ↗ B → C
서재 → A ↘ C → B

서재 → B ↗ A → C
서재 → B ↘ C → A

서재 → C ↗ A → B
서재 → C ↘ B → A

따라서 3개의 방을 순서대로 모두 구경할 경우의 수는 3×2=6입니다.

방 3개를 모두 구경하고 다시 거실에 모였습니다.

"우리 반, 내일 현장 학습 간다."

소희가 말했습니다.

"어디로??"

아이들이 일제히 물었습니다.

"수학체험관."

"너 어떻게 가는지 알아?"

"선생님께서 약도를 주셨어."

학교에서 버스 정류장까지 가는 길은 여러 가지가 있습니다. 아래의 약도를 보고 가장 가까운 길로 가는 경우의 수를 구해봅시다.

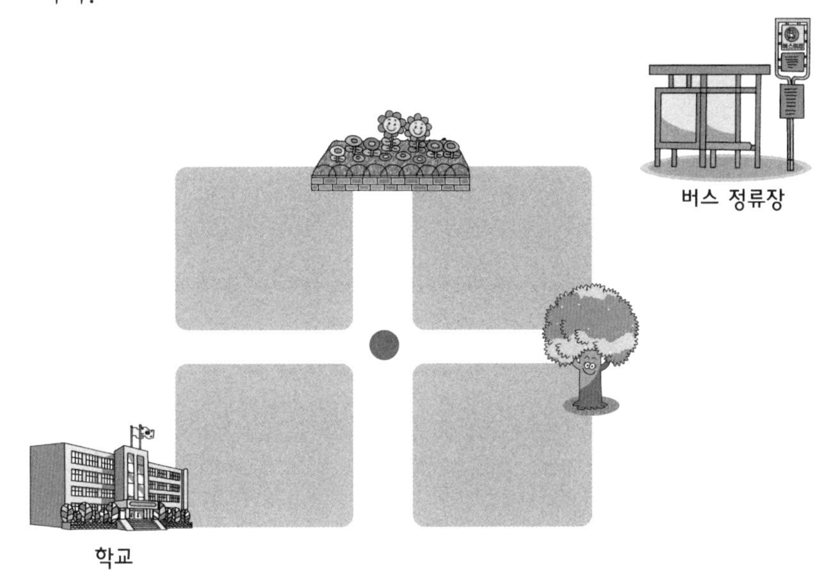

간단하게 학교에서 ●지점까지 가는 길을 먼저 생각해 봅시다.

학교에서 ●까지 가는 가장 빠른 길은 다음의 2가지입니다.

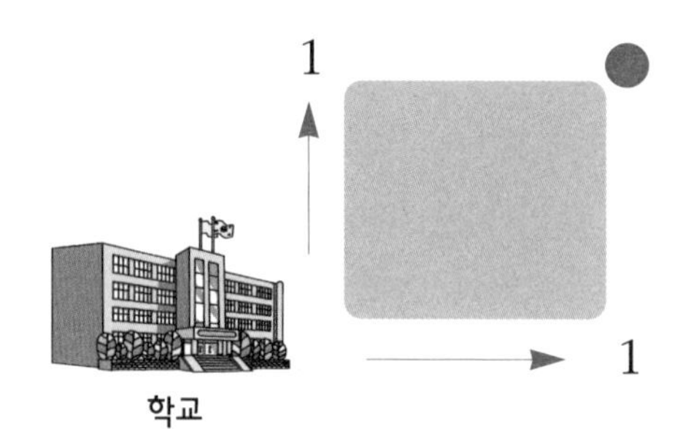

이것을 잊지 않도록 펜으로 경우의 수를 쓰면서 기억해 봅시다. 즉 가로줄과 세로줄에 갈 수 있는 경우의 수를 각각 적어놓고 그 합을 격자점의 끝에 써 넣으면 그 격자점에 적힌 수들은 그곳까지 가는 가장 빠른 길의 가짓수라는 것을 알 수 있습니다. 이와 같은 방법으로 먼저 학교에서 나무가 있는 곳까지 가장 빠른 길로 갈 수 있는 경우의 수를 구해봅시다.

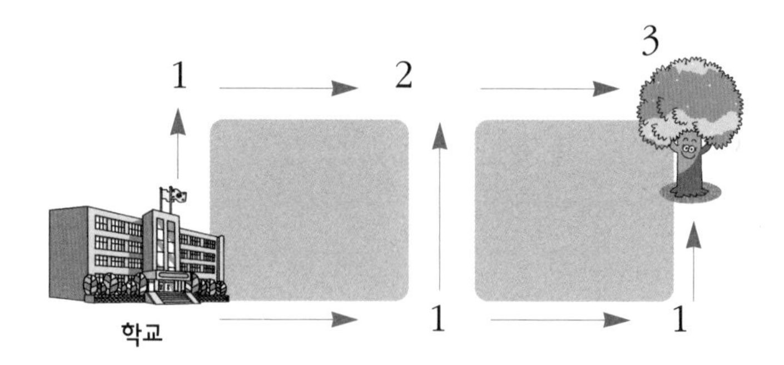

이번에는 학교에서 꽃밭이 있는 곳까지 가장 빠른 길로 갈 수 있는 경우의 수를 구해봅시다.

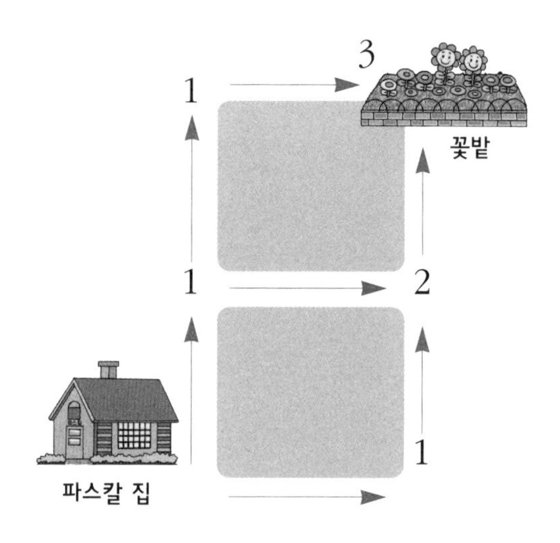

이제 학교에서 나무가 있는 곳을 지나 버스 정류장까지 가는 경우의 수와 학교에서 꽃밭이 있는 곳을 지나 버스 정류장까지 가는 경우의 수를 써 봅시다.

학교에서 나무가 있는 곳까지는 3가지, 파스칼 집에서 꽃밭이 있는 곳까지도 3가지이므로 학교에서 버스 정류장까지 가는 가장 빠른 길은 나무가 있는 곳을 지나는 길 3가지와 꽃밭이 있는 곳을 지나는 길 3가지를 합해서 6가지입니다.

이제 버스 정류장까지 빠르게 가는 방법을 알았으니까 이번에는 정류장에서 수학 체험관으로 가는 길을 살펴봅시다.

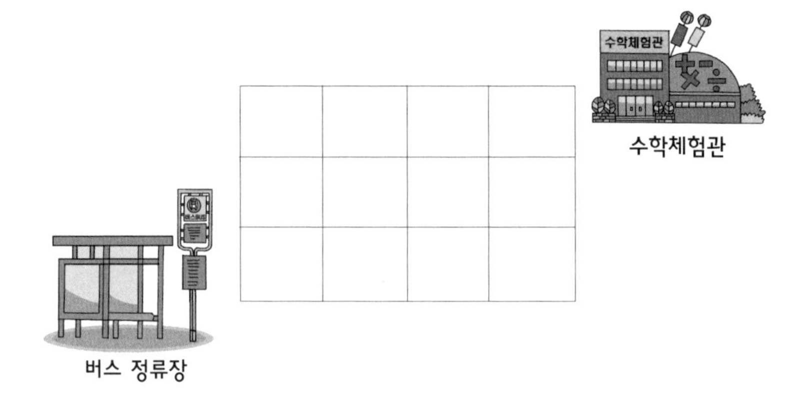

버스 정류장까지 가는 길 찾기는 대부분 간단해서 찾기 쉬웠는데 정류장에서 수학체험관까지 갈 수 있는 길은 많아서 찾기가 쉽지 않은 것 같군요. 그러나 앞에서 공부한 것을 기억한다면 혼자서도 잘 풀 수 있겠죠? 한번 해 봅시다.

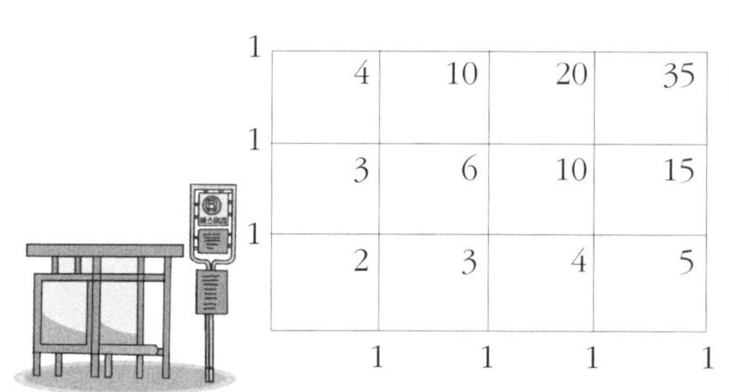

1
4
10
20
35
1
3
6
10
15
1
2
3
4
5
1
1
1
1

수학체험관

수학체험관

버스 정류장

어떤 길로 가야 수학체험관까지 가장 빨리 갈 수 있을까?
다리 아프니까 가장 빠른 길을 찾아서 가자.
안내
수학체험관
과학체험관
놀이터
길이 꽤 많은 것 같은데….
제 이름을 딴 파스칼의 삼각형을 이용하면 가장 빠른 길의 가짓수를 쉽게 셀 수 있죠.
다 셌다.
어떤 길이 가장 빠른 길이야.
가장 빠른 길이 무려 35가지나 돼.
윽!

학교에서 출발하여 수학체험관까지 가는 가장 빠른 길은 모두 35가지나 되는 것을 알 수 있습니다.

아래 길 안내도에서 격자점마다 적힌 수들은 그곳까지 가는 경우의 수라는 것을 배웠습니다. 그러면 아래의 그림을 살짝 90도만 돌려 보겠습니다. 그리고 다른 것들은 다 지우고 적혀 있는 숫자만 남겨 초록색으로 나타내 보겠습니다.

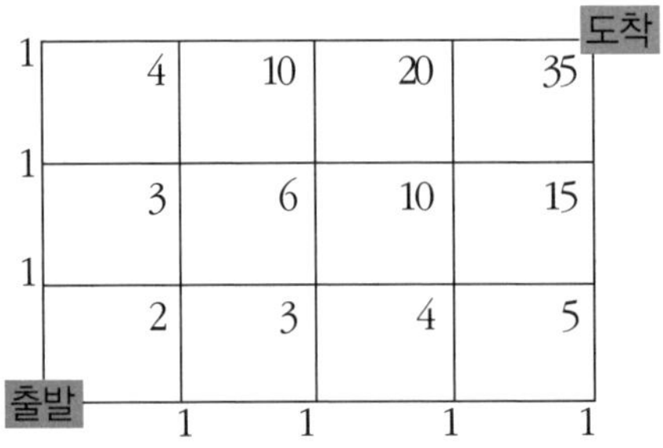

도착
1 4 10 20 35
1 3 6 10 15
1 2 3 4 5
출발 1 1 1 1

1
1 1
1 2 1
1 3 3 1
1 4 6 4 1
1 5 10 10 5 1
1 6 15 20 15 6 1
1 7 21 35 35 21 7 1

파스칼 삼각형

파스칼 삼각형 이항 계수를 삼각형 모양으로 배열한 것.

숫자를 적어 놓은 모양을 보니 삼각형과 비슷하게 생겼지요? 이것이 바로 파스칼의 삼각형이라 불리는 것입니다. 길 안내도에서 격자점에 적은 숫자가 가로줄과 세로줄의 숫자를 합해서 나왔다는 것을 생각하면 파스칼의 삼각형에서는 윗줄의 양 쪽에 있는 두 숫자의 합이 바로 한 줄

아래에 있는 숫자와 같다고 할 수 있습니다. 즉 파스칼 삼각형에서 어떤 수는 바로 윗줄의 양쪽에 있는 수들의 합과 같다는 것을 알 수 있습니다.

이처럼 출발 에서 도착 까지 갈 수 있는 가장 빠른 길의 가짓수를 쉽게 셀 수 있는 방법으로 파스칼의 삼각형을 꼽을 수 있습니다. 파스칼 삼각형을 이용하면 가장 빠른 길로 가는 모든 경우의 수를 쉽게 찾을 수 있습니다. 내가 젊은 시절에 이 삼각형을 발견하긴 했지만 이미 훨씬 이전에 중국에서는 산술 삼각형으로 소개되었습니다. 중국 가헌1050년 무렵의 저작에서 산술 삼각형을 이용한 증거가 남아 있다고 합니다. 또한 1260년 무렵에 양휘의 책에는 산술 삼각형이 주세걸의 《사원옥보》에 등장하였으며 현재 파스칼 삼각형의 원형을 이루는 것들이 많이 포함되어 있다고 합니다. 그럼에도 불구하고 파스칼의 삼각형이라는 이름이 붙여진 것은 내가 산술 삼각형 안에 들어있는 신기한 성질들을 찾아 정리하고 이것을 이용하는 분야를 넓혔

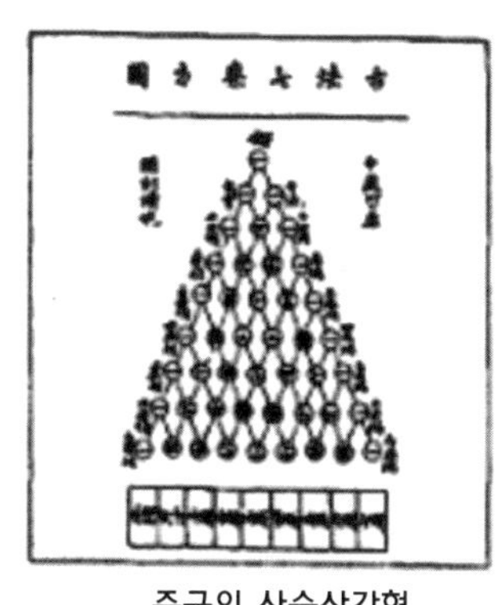

중국의 산술삼각형

기 때문이라고 할 수 있습니다.

갈 길이 많고 멀어도 파스칼의 삼각형이 있으면 빨리 갈 수 있는 방법의 가짓수를 쉽게 구할 수 있겠죠?

여섯번째

수업 정리

1 격자 모양의 길에서 빠른 길로 가는 경우의 수 계산하기

첫째, 가로줄과 세로줄에 1을 적습니다.

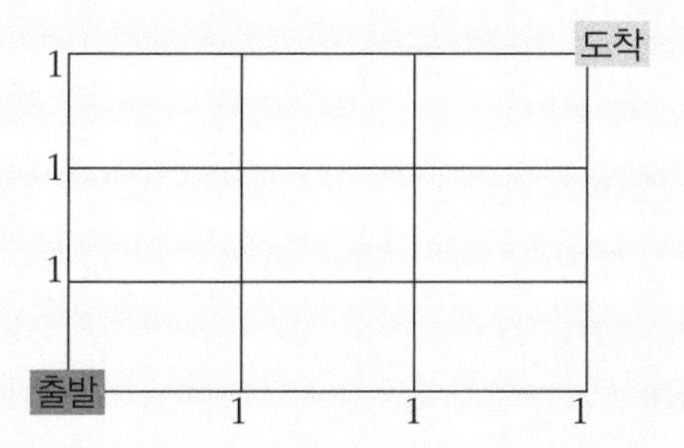

둘째, 가로줄과 세로줄의 수의 합을 격자점에 적습니다.

도착
1 4
1 3
1 2 3 4
출발
1 1 1

도착
1 4 10
1 3 6 10
1 2 3 4
출발
1 1 1

도착
1 4 10 20
1 3 6 10
1 2 3 4
출발
1 1 1

가장 빠른 길의 경우의 수

일곱 번째 수업

둥근 식탁에 앉는 경우의 수

둥근 식탁에 앉아 있을 때와

일렬로 줄을 서야할 때,

각각의 경우의 수를 구하는 방법에는

어떤 차이점이 있을까요?

일곱 번째 학습 목표

1. 4명이 둥근 식탁에 앉는 경우와 4명이 한 줄로 서는 경우의 차이를 비교하여 둥근 식탁에 앉는 경우의 수를 구할 수 있도록 합니다.

미리 알면 좋아요

1. **합의 법칙** 사건 A 또는 B가 일어날 경우의 수

   곱의 법칙 사건 A와 B가 동시에 일어날 경우의 수

파스칼이 일곱 번째 수업을 시작했다

오늘은 파스칼의 생일입니다. 그래서 소희, 진규, 보경이와 함께 식당에서 생일파티를 했습니다. 집에 돌아와서 식당에서 찍어 준 기념 사진 4장을 보니 이상한 부분이 있었습니다. 식사를 하면서 자리를 바꾼 적이 없었는데 4장의 사진에서 자리가 모두 다르게 나온 것입니다. 어떻게 된 일일까요?

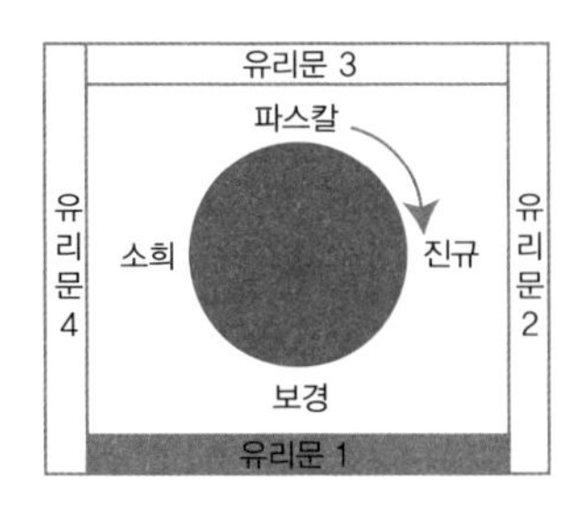

[사진 1]

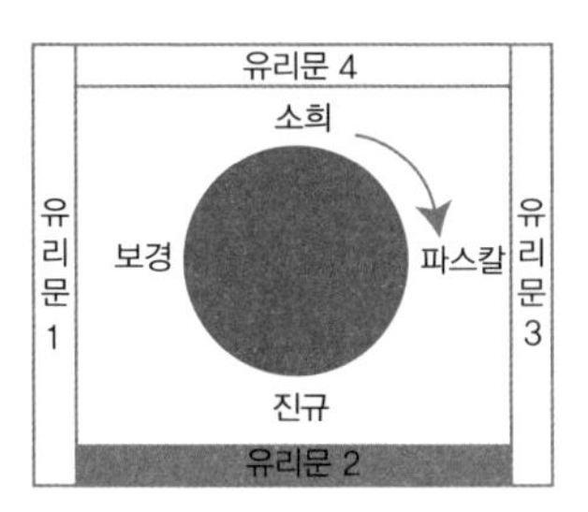

[사진 2]

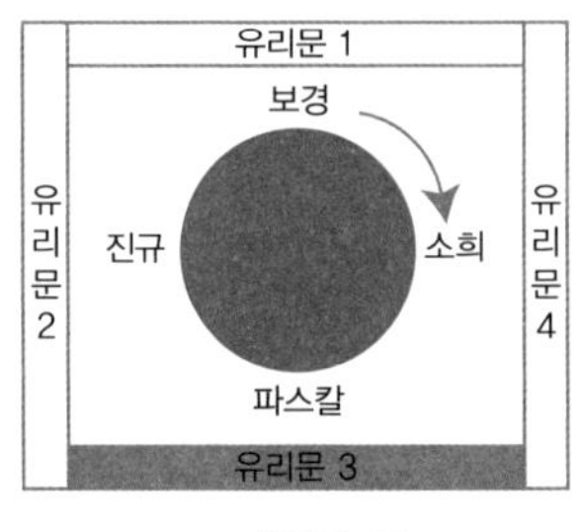

[사진 3]

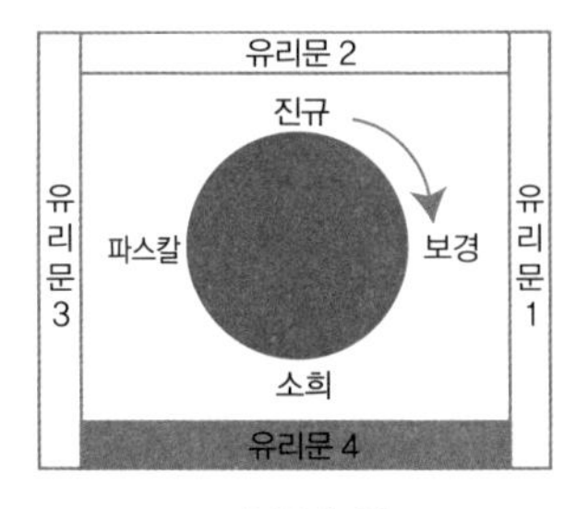

[사진 4]

자리를 바꾼 적이 한 번도 없었는데 어떻게 서로 다른 4장의 사진이 나온 것일까요?

먼저, [사진 1]을 유리문 1의 방향에서 봅시다. 정면에 내파스칼가 앉아 있는 것이 보이지요?

나파스칼를 중심으로 시계방향으로 살펴보면

파스칼 – 진규 – 보경 – 소희

의 순서로 앉아 있는 것을 볼 수 있습니다.

이번에는 [사진 2]를 봅시다. 유리문 2에서 보면 정면에 소희가 앉아 있습니다. 소희를 중심으로 시계방향으로 살펴보면

소희 – 파스칼 – 진규 – 보경

의 순서로 앉아 있는 것이 보입니다. 자리도 바꾸지 않았는데 어찌된 일일까요? 이 사진을 유리문 1의 방향에서 다시 살펴봅시다. 정면에 앉아 있는 사람은 [사진 1]과 마찬가지로 나파스칼입니다. 나파스칼를 중심으로 하면 다시,

파스칼 – 진규 – 보경 –소희

의 순서로 앉아 있는 것을 알 수 있습니다. 그렇다면 이 사진은 [사진 1]과 같은 순서로 앉아 있다고 할 수 있습니다.

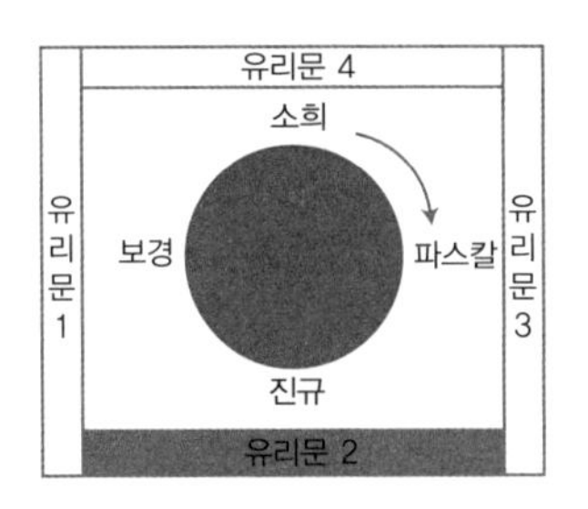

[사진 2]

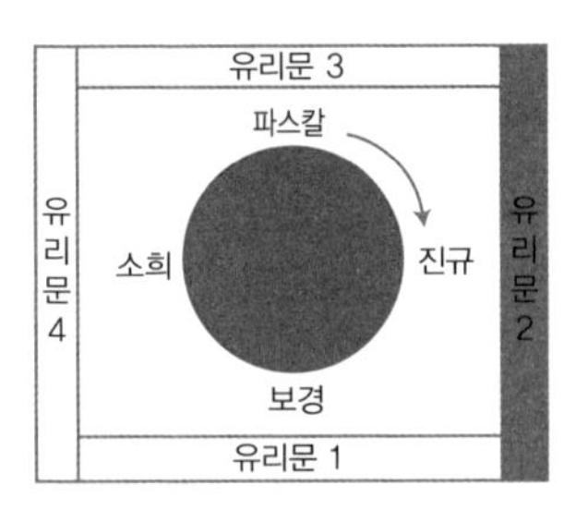

[사진 2]를 유리문 1에서 방향에서 봤을 때

이번에는 [사진 3]을 봅시다. 유리문 3의 정면에서 보면

보경 – 소희 – 파스칼 – 진규

의 순서로 앉은 것이 보입니다. 그럼 다시 이 사진을 유리문 1의 방향에서 봅시다.

정면에 역시 내파스칼가 앉아 있는 게 보입니다. 나파스칼를 중심으로 하면 [사진 1]과 마찬가지로

파스칼 – 진규 – 보경 – 소희

의 순서로 앉아 있다는 것을 알 수 있습니다.

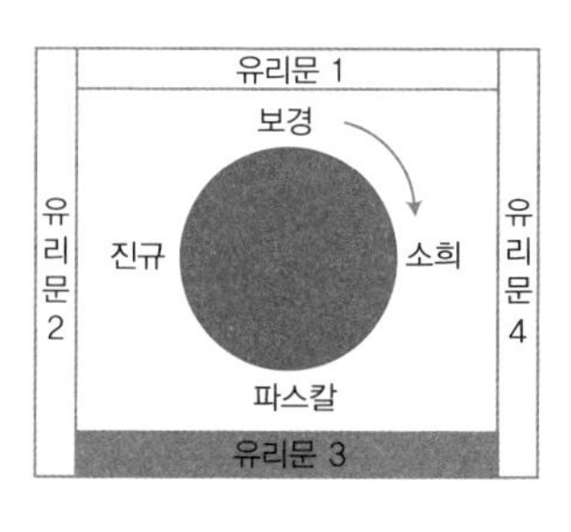

[사진 3]

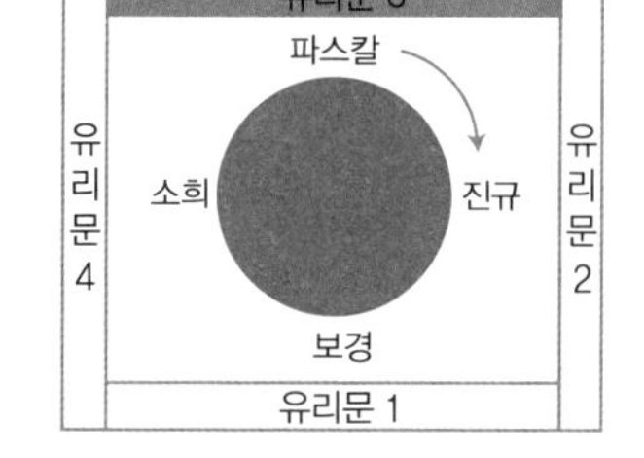

[사진 3]을 유리문 1에서 봤을 때

그럼 마지막 [사진 4]는 어느 방향에서 찍은 걸까요? 마찬가지로 유리문 4의 정면에서 보면

진규 – 보경 – 소희 – 파스칼

의 순서로 앉은 것이 보입니다. 이 사진을 유리문 1의 방향에서 보면 정면에 역시 내파스칼가 앉아 있는 게 보입니다. 파스칼 선생님을 중심으로 하면 이것도 [사진 1]과 같다는 것을 알 수 있습니다.

파스칼 – 진규 – 보경 – 소희

이 순서로 앉아 있는 게 보이지요?

선생님 생일파티 때 찍은 사진 나왔어?
사진이 나왔는데 사진마다 자리가 다르게 나왔어.
어?
정말! 귀신이 찍었나?
어머!
무서워.
유령이 찍은 것도, 자리가 바뀐 것도 아니에요.
그럼 뭐죠?
사진을 찍는 방향이 달랐을 뿐이죠. 원탁 테이블에 앉는 경우의 수는 4×3×2×1=24이죠.
하지만 보는 방향에 따라서 다르게 보일 뿐 4가지는 모두 같은 경우니까 경우의 수는 4×3×2×1/4 = 6인 셈이네요.
소희가 귀신이야. 경우의 수의 귀신!
흐흐흐흐
으악

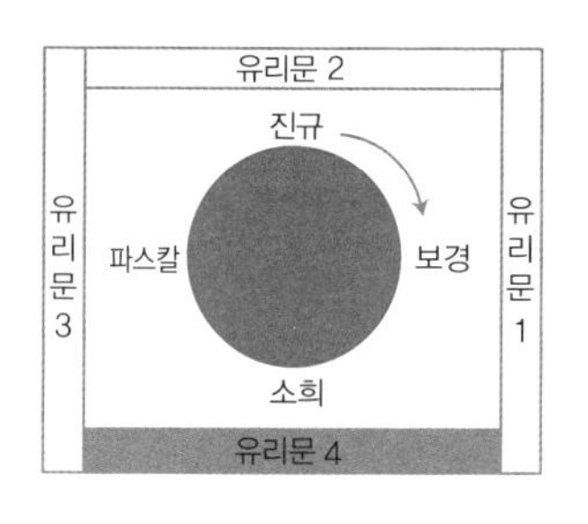

[사진 4]

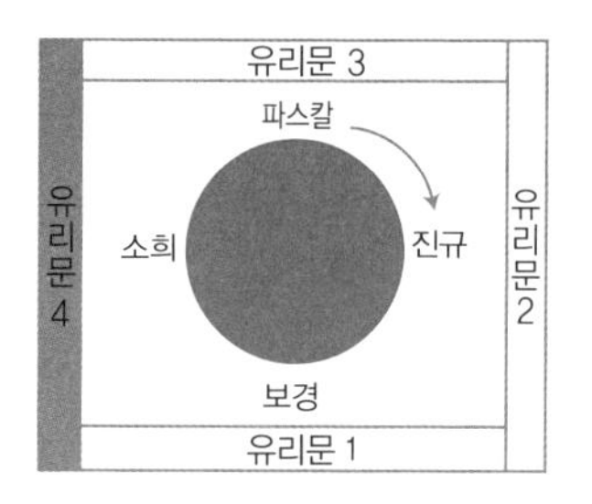

[사진 4]를 유리문 1의 방향에서 봤을 때

결국은 우리는 똑같은 자리에 앉아 있었지만 사진을 찍는 방향에 따라 다르게 보인 것입니다. 따라서 이 4장의 사진은 방향에 따라 달리 보이기는 했지만 앉았던 자리가 모두 같은 사진이라고 할 수 있습니다.

이처럼 방향에 따라 다르게 보이지만 같은 경우로 생각해야 한다면 4명이 이렇게 둥근 식탁에 앉는 경우는 모두 몇 가지로 봐야 할까요?

4명이 일렬로 의자에 앉을 경우의 수는 $4\times3\times2\times1=24$입니다. 기억나지요? 그러나 이 중에서 보는 방향에 따라서 다르게는 보였지만 결국은 4가지 모두가 같은 경우였으므로 경우의 수는 $\frac{4\times3\times2\times1}{4}=6$이 됩니다.

또 다른 방법으로 생각할 수 도 있습니다. 우선 한 사람을 고정시킵니다. 예를 들어 나를 고정한다고 합니다. 한 사람을 고정시키고 나서 나머지 사람들이 자리를 바꾸는 경우의 수를 따져주면 되는 것입니다. 즉 여러분 3명이 일렬로 설 때와 같은 경우라고 생각하면 됩니다.

그러면 4명이 둥근 식탁에 앉는 경우의 수는 한 사람을 고정시키고 나머지 3명이 자리를 바꾸는 경우의 수니까 $3\times2\times1=6$입니다. 한 사람을 고정시키면 겹치는 것이 없어서 계산하기가 더 쉽다는 것을 알 수 있습니다.

파스칼은 아이들과 사진을 다 본 후에 여러 구슬을 꿰어서 팔찌 만들기를 하기로 했습니다.

구슬은 1~10번까지 있고, 각 구슬의 개수는 충분히 많이 있습니다. 모두 몇 가지의 팔찌가 나올 수 있을까요?

팔찌도 둥근 것이니까 아까 둥근 식탁에 앉은 경우랑 같게 생각해도 될까요? 만약에 둥근 식탁에 앉는 경우나 팔찌를 만드는 경우나 똑같이 생각할 수 있다면 구슬 한 개를 고정시킨다고 생각하고 나머지 9개의 구슬을 한 줄로 끼운다고 생각할 수 있습니다. 그러면 그 경우의 수가 $9\times8\times7\times6\times5\times4\times3\times2\times1$이 됩니다. 계산하기에는 수가 너무 크므로 계산은 생략하겠습니다.

자, 제일 먼저 팔찌를 완성한 보경이와 소희의 팔찌를 살펴봅시다.

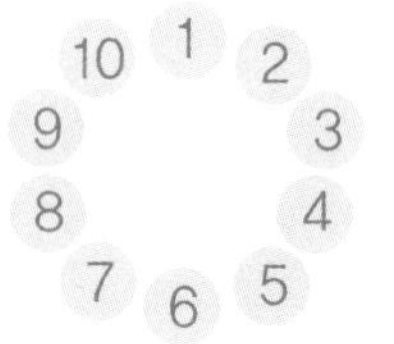

보경이가 만든 팔찌

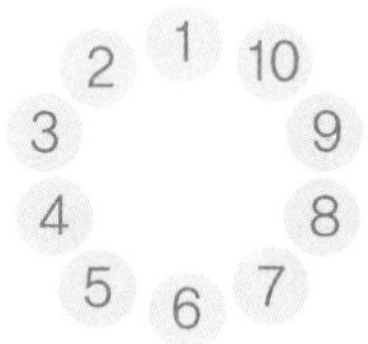

소희가 만든 팔찌

두 팔찌가 다른 것처럼 보이겠지만 소희의 팔찌를 좌우가 바뀌도록 뒤집어 보겠습니다.

처음에는 서로 달라보였지만 어느 하나를 뒤집으면 두 팔찌는 같은 모양이 됩니다. 따라서 둥근 식탁에 앉는 경우와는 같지 않습니다. 똑같이 둥글기는 하지만 팔찌는 뒤집을 수가 있기 때문에 둥근 식탁보다 같은 경우가 많아집니다. 구슬을 고리처럼 꿰어서 만든 팔찌의 경우는 뒤집었을 때 같은 경우가 되므로 둥근 식탁에 앉는 경우의 수 중에서 절반은 같은 경우로 봐야 합니다.

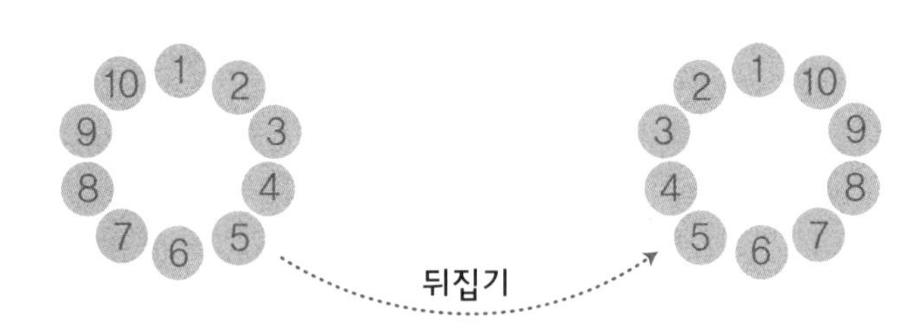

즉 둥근 식탁에 앉는 경우의 수에서 2로 나누어 주어야 합니다. 따라서 서로 다른 색깔의 구슬 10개로 만들 수 있는 팔찌의 개수는 $\frac{9\times8\times7\times6\times5\times4\times3\times2\times1}{2}$이 됩니다.

자, 다시 예쁜 팔찌를 완성해 봅시다!

1 4명이 둥근 식탁에 앉는 경우의 수는 3명이 한 줄로 서는 경우와 같으므로 $3\times2\times1=6$입니다.

2 목걸이나 팔찌는 만드는 경우의 수는 뒤집어서 같은 경우도 고려하여 원탁에 앉는 경우의 수의 $\frac{1}{2}$이라고 생각할 수 있습니다.

예) 9개의 서로 다른 구슬을 꿰어서 팔찌를 만들 때 경우의 수는 9명을 둥근 식탁에 앉는 경우의 수의 $\frac{1}{2}$이므로

$\frac{9\times8\times7\times6\times5\times4\times3\times2\times1}{2}$입니다.

8

여덟 번째 수업

리그전과 토너먼트

스포츠 경기에서 자주 접하는 리그전과

토너먼트의 경기 수를 알아낼 때

우리가 배운 경우의 수를 적용해 봅시다.

여덟 번째 학습 목표

1 리그전과 토너먼트의 차이를 알고 각각의 경기 수를 구해 봅니다.

미리 알면 좋아요

1 **리그전** 참가한 모든 팀이 적어도 한 번 이상 서로 경기를 하는 방식으로 가장 많이 이긴 팀이 우승 팀이 됩니다.

2 **토너먼트** 두 팀씩 경기를 하여 진 팀은 더 이상 경기를 할 수 없고 이긴 팀끼리 계속 경기를 진행하여 최후에 남은 두 팀에서 우승팀을 결정하는 방식입니다.

파스칼이 여덟 번째 수업을 시작했다

오늘은 파스칼과 아이들이 윷놀이를 하기로 했습니다. 모두 8명이 윷놀이를 하려고 합니다. 어떤 방법으로 할까요?

2명씩 팀을 나누면 4팀이 됩니다. 먼저 4팀이 리그전으로 경기를 한다고 합시다. 리그전은 다른 팀과 한 번씩 경기를 하는 것을 말합니다. 리그전으로 윷놀이를 한다면 모두 몇 번의 경기를 해야할지 생각해 봅시다.

A팀은 B팀, C팀, D팀과 한 번씩 경기를 할 수 있습니다.

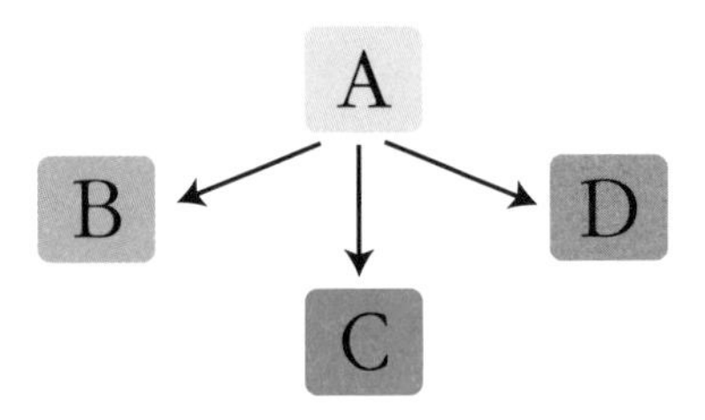

B팀은 A팀, C팀, D팀과 한 번씩 경기를 할 수 있습니다.

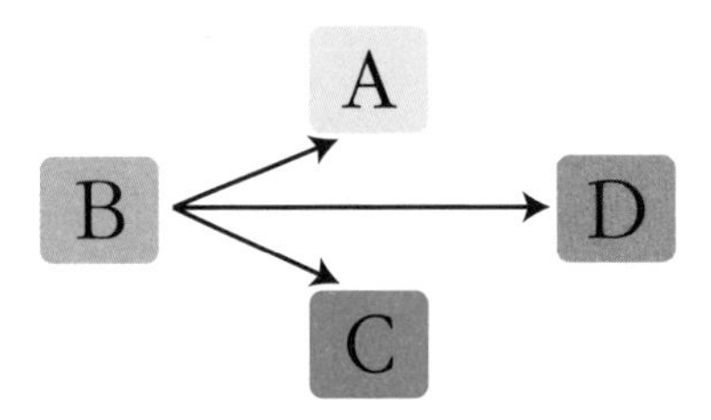

C팀은 A팀, B팀, D팀과 한 번씩 경기를 할 수 있습니다.

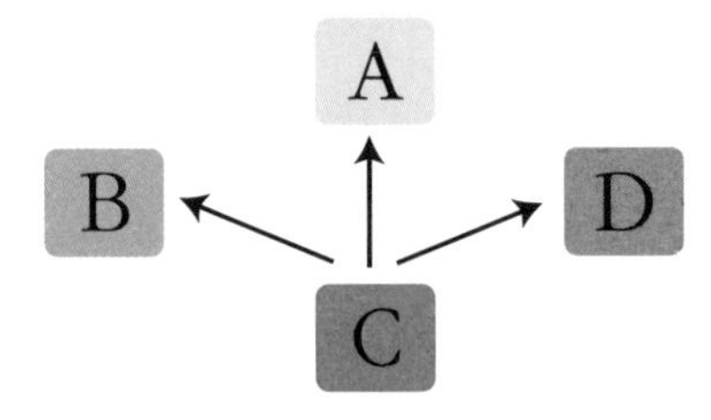

D팀은 A팀, B팀, C팀과 한 번씩 경기를 할 수 있습니다.

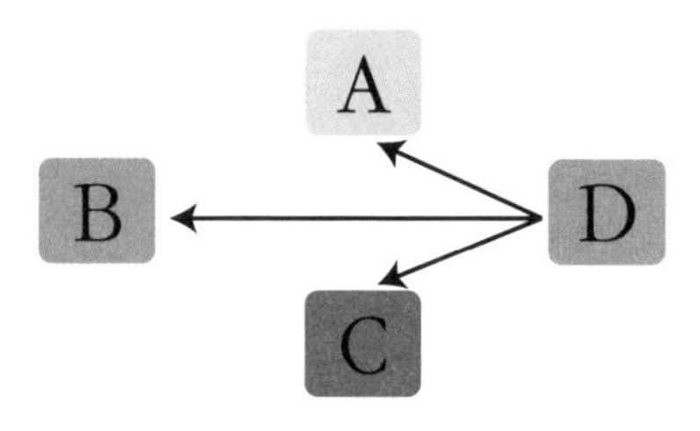

그러면 4팀이 다른 팀과 모두 3번씩 경기를 할 수 있기 때문에 전체는 $4 \times 3=12$회를 하게 되는 것일까요?

위의 경기를 자세히 살펴봅시다.

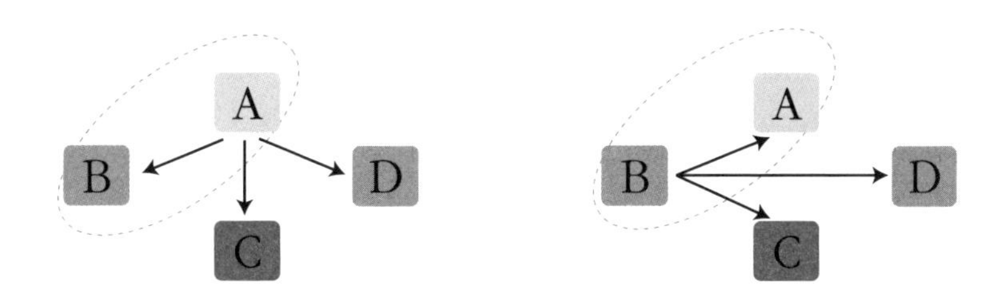

A팀이 B팀과 경기를 하는 것이나, B팀이 A팀과 경기를 하는 거나 모두 같은 경우라고 할 수 있습니다. 리그전은 한 번씩만 경기를 하는 것이기 때문에 같은 경기를 두 번씩 할 필요는 없겠죠? 그러면 전체 12경기 중에서 똑같은 경우가 몇 번이나 되는

지 살펴봅시다.

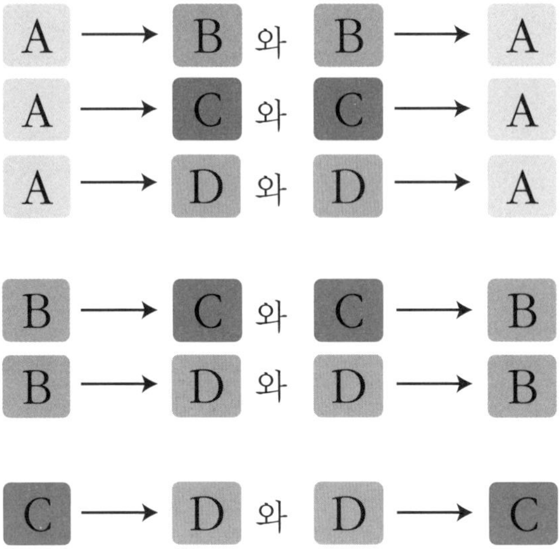

A → B 와 B → A
A → C 와 C → A
A → D 와 D → A

B → C 와 C → B
B → D 와 D → B

C → D 와 D → C

모두 6경기가 같은 경기였습니다. 따라서 4팀이 리그전을 할 때 치러야 하는 경기 수는 12−6=6입니다. 또는 전체 12경기 중에서 같은 경우를 두 번씩 세었으므로 12÷2=6회의 6경기를 하는 것으로 생각해도 됩니다.

이번에는 수형도로 생각해 봅시다. 경우의 수를 셀 때 중복해서 세지 않도록 하려면 한눈에 볼 수 있는 수형도가 편하답니다.

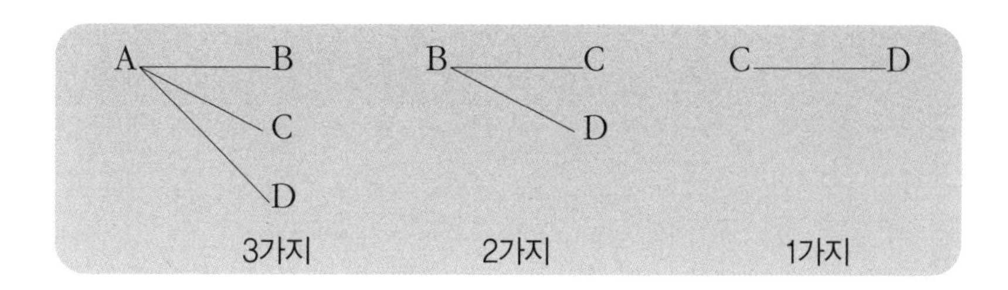

따라서 4명이 리그전을 한다면 모두 3+2+1=6회의 경기를 해야 합니다. 만약에 팀으로 하지 않고 우리 8명이 각각 리그전을 한다면 모두 몇 경기를 해야 할까요?

이번에도 바로 수형도를 그려 보겠습니다.

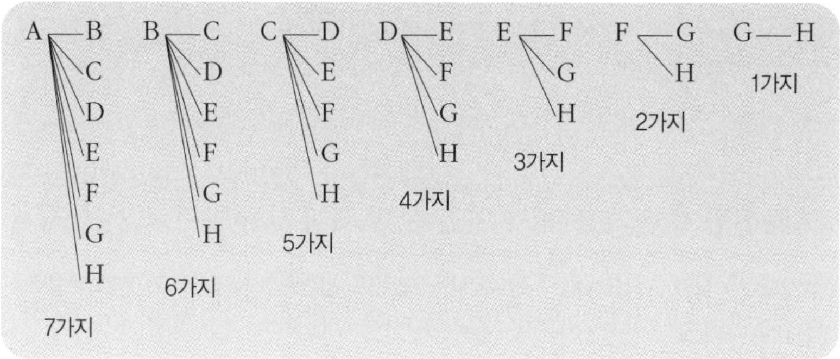

A B C D E F G H
7가지
B C D E F G H
6가지
C D E F G H
5가지
D E F G H
4가지
E F G H
3가지
F G H
2가지
G H
1가지

7+6+5+4+3+2+1=28이므로 8명이 리그전을 할 때 전체 경기 수는 28회가 됩니다. 리그전은 각 팀들이 다른 모든 팀들과 한 번씩 경기를 해서 이긴 횟수가 가장 많은 팀이 우승팀으로 결정이 되는 것입니다. 그러나 그만큼 시간이 많이 걸린다는 단점

이 있습니다.

이번에는 리그전 대신에 빠른 시간에 승부를 낼 수 있는 토너먼트에 대해 알아봅시다. 토너먼트는 한 번 경기에 지면 패자부활전이 없는 이상은 다시는 그 경기에 참여할 수가 없는 방식입니다. 4팀이 토너먼트로 경기를 한다면 다음과 같이 나올 수 있습니다.

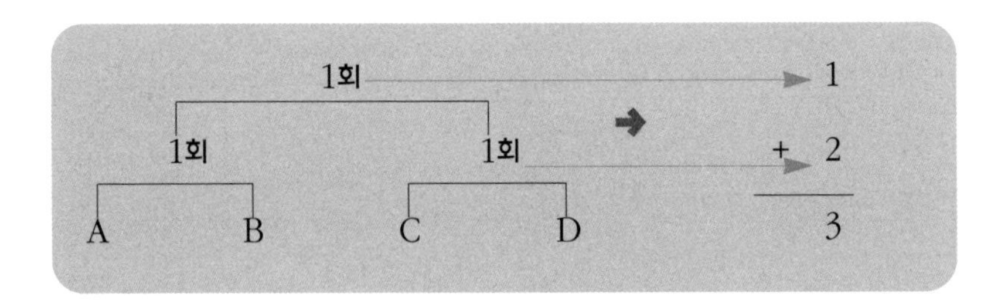

A와 B팀이 경기를 해서 이긴 한 팀과 C와 D팀이 경기를 해서 이긴 한 팀이 결승전을 치러서 승부를 내면 됩니다. 이때 무승부는 없는 것으로 합니다.

따라서 (A와 B팀 경기 한 번) + (C와 D팀 경기 한 번) + (결승전)이므로 2+1=3회이 됩니다.

자, 이번에도 팀으로 하지 않고 8명이 각각 토너먼트로 경기를 한다면 모두 몇 번의 경기를 해야 할까요?

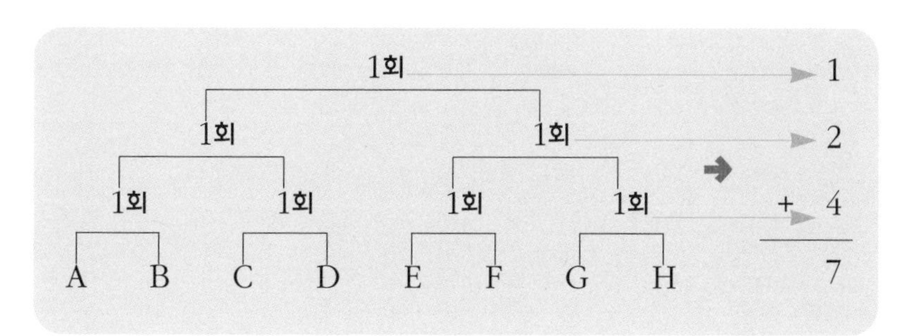

처음에 두 명씩 경기를 하는 것이 4경기, 진 사람은 탈락되고 이긴 사람끼리 경기를 하는 것이 2경기. 마지막으로 또 이긴 사람끼리 결승전을 하는 것이 한 경기이므로

모두 4+2+1=7회의 경기를 하는 것이 됩니다.

지금까지 리그전과 토너먼트로 경기를 했을 때 모두 몇 번의 경기를 해야 하는지에 대해 알아보았습니다.

리그전으로 할지 토너먼트로 할지 결정한 다음에 즐거운 윷놀이를 시작해 봅시다.

1 리그전

4명이 각각 경기를 한다면 → 3+2+1=6회

8명이 각각 경기를 한다면 → 7+6+5+4+3+2+1=28회

2 토너먼트

4명이 각각 경기를 한다면 → 2+1=3회

8명이 각각 경기를 한다면 → 4+2+1=7회

아홉 번째 수업

9

중복을 허용한 경우의 수

우리가 공부한 경우의 수는

편지지를 선택하고 편지를 우체통에

넣을 때도 구할 수 있습니다.

아홉 번째 학습 목표

1 순서는 관계 없이 뽑기만 하되 같은 것을 여러 번 뽑을 수 있는 경우의 수를 구해 봅시다.

미리 알면 좋아요

1 **합의 법칙** 사건 A 또는 B가 일어날 경우의 수

곱의 법칙 사건 A와 B가 동시에 일어날 경우의 수

파스칼이 아홉 번째 수업을 시작했다

오늘은 파스칼이 아이들에게 여러 장의 편지지를 나누어 주었습니다. 편지지의 종류는 3종류이고 여러 장씩 있습니다.

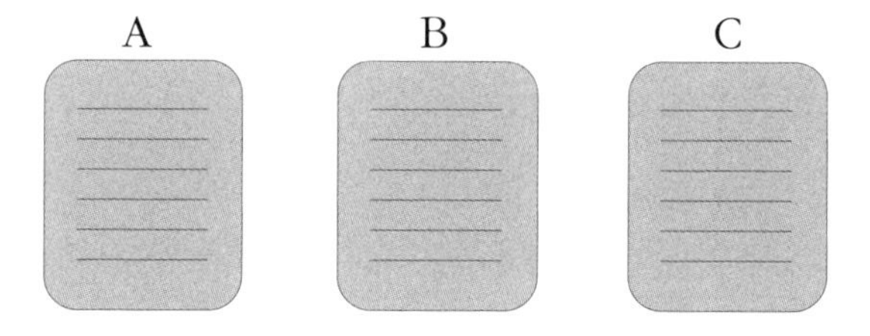

보람이, 우람이, 가람이, 다정이, 소정이 순으로 편지지를 선택하여 나열하는 경우의 수가 몇 가지인지 살펴봅시다. 우선 보람이가 선택할 수 있는 편지지는 A, B, C의 어느 것이나 가능하므로 3가지입니다. 우람이가 선택할 수 있는 편지지도 보람이가 선택한 편지지와 상관없이 A, B, C 중 어떤 것이든 선택할 수 있으므로 3가지입니다. 마찬가지로 가람이, 다정이, 소정이 모두 선택할 수 있는 편지지의 종류도 3가지입니다.

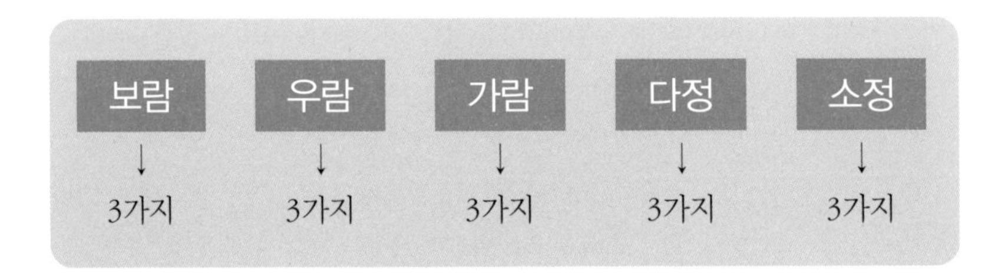

따라서 5명의 친구들이 세 종류의 편지지를 선택하여 나열할 경우의 수는 $3\times3\times3\times3\times3=243$입니다.

어떤 편지지를 고를지 결정했으면 이번에는 편지를 쓸 친구를 선택해 봅시다. 보람이가 선택할 친구가 모두 몇 명일까요? 자기 자신에게도 쓸 수도 있으므로 5명이라고 할 수 있습니다. 그럼 우람이가 선택할 친구는 몇 명일까요? 우람이 역시 5명입니다.

우람이뿐만 아니라 가람이, 다정이, 소정이 모두 편지를 쓰기 위해 선택할 친구들이 5명이 있습니다. 즉 5명 모두 5명을 선택할 수 있습니다.

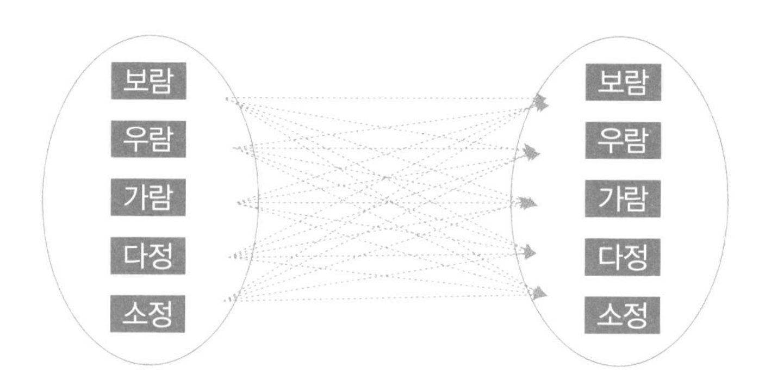

보람이, 우람이, 가람이, 다정이, 소정이 순서대로 편지를 쓸 친구를 선택할 경우의 수는

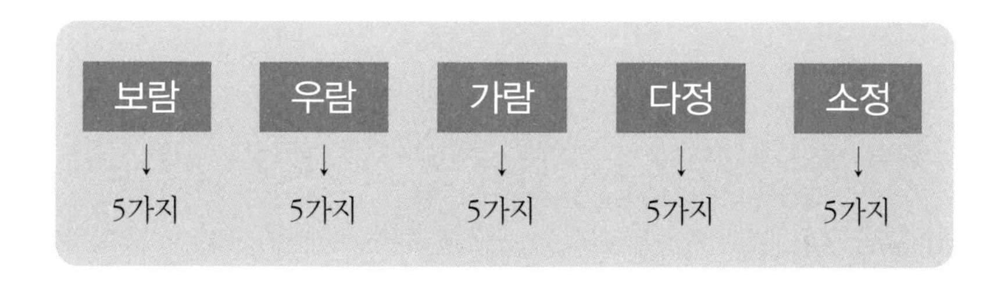

$5 \times 5 \times 5 \times 5 \times 5 = 3125$입니다.

이제 편지지도 정하고 편지를 쓸 친구도 결정했으면 정성껏 편지를 쓰도록 합시다. 다 쓴 편지는 예쁘게 접어서 받을 친구의 이름을 쓰고 우체통에 넣습니다. 서로 다른 색깔의 우체통이 2개가 있습니다. 지금부터 서로 다른 2개의 우체통에 서로 다른 5개의 편지를 넣는 경우의 수를 구해봅시다.

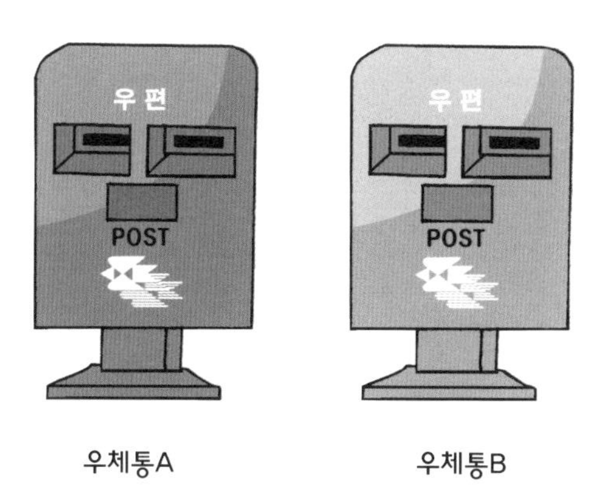

보람이, 우람이, 가람이, 다정이, 소정이 순서대로 해서 자기가 쓴 편지를 서로 다른 2개의 우체통에 넣는 경우의 수는

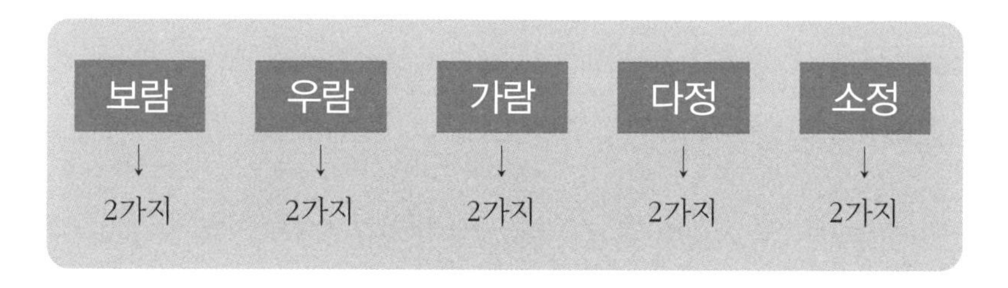

$2 \times 2 \times 2 \times 2 \times 2 = 32$입니다.

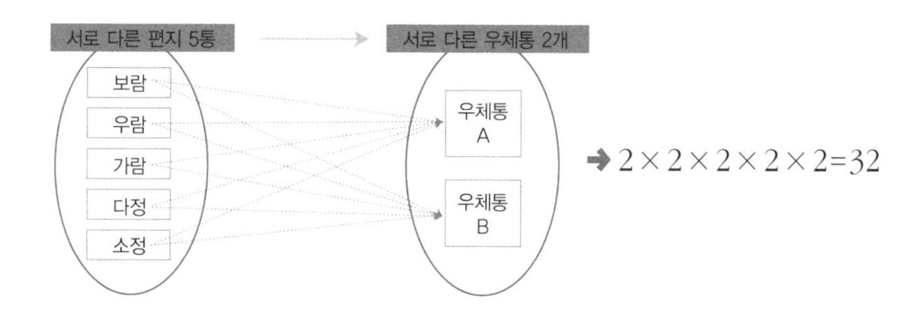

오늘 문득 생각나는 고마운 친구들에게 예쁜 손 편지 한 장 써 보는 것이 어떨까요?

1

3명의 학생 소희, 진규, 보경이 문방구점에서 서로 다른 5종류의 필기구를 선택할 경우의 수는 누가 먼저 어떤 필기구를 선택하는지와 상관이 없으므로 선택하는 순서는 고려하지 않습니다.

(소희가 필기구를 선택할 경우의 수) = 5
(진규가 필기구를 선택할 경우의 수) = 5
(보경이가 필기구를 선택할 경우의 수) = 5

3명의 선택은 동시에 일어날 수 있으므로 소희, 진규, 보경이가 다른 종류의 필기구를 선택할 경우의 수는 $5 \times 5 \times 5 = 125$입니다.